尋找
屬於自己的
12使徒

NEW VERSION
經·典·新·版

林一峰 Steven LIN ——— 著

Contents

・第二章 使徒・

推薦序

我和林一峰的相識約莫從十年前開始，那是我第一次到訪台灣協助帝亞吉歐在台舉辦蘇格登的發表會，那時他已經是位倍受尊敬的威士忌鑑賞家，在全球也是頂尖的威士忌專家及侍酒行家。

他的酒吧——後苑是一個驚喜。我從來未曾見過那麼不可思議的英式風格酒吧，它結合了像是六〇年代非常知名的何許人合唱團（The Who）的視覺表現、專業性和知識性服務，以及其驚人的威士忌收藏。喔！讓我回想起當舊年代威士忌還可企及讓我們品酩、而不是監禁在收藏家層架上的那些美好年代。

結束工作、喝了幾杯以後，我們在深夜長談，他與我分享他個人的生命經歷以及探索之旅：什麼是完美的服務（當然，後院準備了標準的聞香杯）、陳年的優勢（年輕的也不賴）、橡木桶的決定性角色、風土條件（如果它存在）、威士忌的語言（如何理解亞洲和歐洲不同的味蕾差異）和蘇格蘭的歷史……

這些對話持續地在歐洲和台灣進行了數年，且在我心裡佔著很特別的位置，謝謝林一峰和其他台灣友人，同時，本書作者也持續地探索、細想、沉思有關威士忌文化、製程、風味、影響之每一個觀點，他的每篇文章標題都引人入勝、並具原創性。你了解「威士忌那把神秘之鑰」、「艾雷島的溫馨飛行」、「上帝賜給蘇格蘭的恩澤」、「大放異彩的日本威士忌」嗎？

我很榮幸成為林一峰女兒 Dorris 的乾爹，也很開心受邀為林一峰的新書撰寫推薦序，雖然因為尚未翻譯為英文、我沒辦法完整閱讀，然而我非常有信心，以這位大師的專業知識、豐富的經驗、天生的風格和幽默感，這本新書將為威士忌文學有非常特別及個人的貢獻。我極力推薦！

查爾斯．麥克林

於愛丁堡，二〇一六年二月

蘇格蘭執杯大師

FORWARD

I met Steven Lin on my first visit to Taiwan nearly ten years ago, when I was helping Diageo to launch The Singleton of Glen Ord in that country. Even then he was one of the best respected whisky connoisseurs in Taipei, and he has gone on to be numbered among the top whisky experts and sommeliers in the world.

His bar, Backyard, was a revelation. I had never seen anything like it in the U.K. Stylish beyond belief, it combined visual references to The Who, with expert and knowledgeable service – and a collection of whiskies which would be impossible to put together today without massive investment. Ah, those happy when great old whiskies were still available for us to taste, not just confined to the shelves of collectors!

Over many drams we talked long into the night, after my day's duties were done, about some of the topics he has embraced in this very personal memoir and journey of discovery: the perfect serve(of course, Backyard was equipped with proper nosing glasses), the benefits of age(and of youth),the crucial role of the cask, terroir(and whether it exists), the language of whisky(and the differences between Asian and European palates), the history of Scotch...

Such conversations have been continued over the years, both in Europe and in Taiwan — which holds a very special place in my heart, thanks to Steven and my other Taiwanese friends. Meanwhile, the author of this book has continued to explore, consider and meditate upon every conceivable aspect of whisky culture, production, flavor and effect. His subject headings alone are intriguing and original — what do you make of 'The Mysterious Key', 'The Worm Flight to Islay', 'The Grace of God to Scotland', 'The Shining Japanese Whisky'?

I am honoured to be godfather to his daughter, Doris, and flattered to have been invited to contribute this Foreword to Steven's book. Although I have not yet been able to read it, since it has not yet been translated into English, I am confident that The Master's knowledge, wide experience, effortless style and sense of humour will make it a very special, very personal, contribution to the literature of whisky. I can recommend it without hesitation!

Charles MacLean
Master of the Quaich
Edinburgh, February 2016

推薦序
讓你不斷回頭翻看的書籍

很多人常常問起我的威士忌啟蒙書，是的，如果談的是找尋與學習，那確實是大師 Michael Jackson 的《*Malt Whisky Companion*》（第三版），不過幾乎在相同的時間，當我才剛開始對威士忌產生興趣的時候，讓我對蘇格蘭產生許多夢想的卻是聯經出版社出版的一本《威士忌之旅》。

這本散文式的書籍翻譯於一九九二年 Richard Grindal 著作的《*The spirit of Whisky*》一書，書中的內容以散文式的遊記書寫了作者造訪的酒廠以及旅途中的一些對話，當然藉由這個過程也談及威士忌的一些專業知識與趣聞。這本書讓初學的我充滿了對於蘇格蘭的許多幻想，想像著酒廠的神奇與蘇格蘭的壯麗；後來稍有長進後再次翻閱，重新體會每一間酒廠的特色與作者想傳達的知識；多年之後在我幾乎忘記這本書存在的時候，再次無意翻閱，突然發現文中提及的人物與場景在不知不覺中也成為我人生經驗的一段風景，原來這些人物場景我也曾經體驗，翻著翻著，各種回憶都帶了出來，威士忌早已是自己生活中不可抹滅的回憶。

一峰兄的這本《尋找屬於自己的12使徒》讓我有了類似的感受，從來不曾與一峰兄一起旅行過，但是透過他書中的文字，讓我感覺到與他一起喝酒的沉思、讓我回憶起造訪酒廠的狂熱，然後又很莫名地感受到他對於威士忌教育的執著，自己不禁偷笑：讀者該不會看完一次想一想又重新連讀三次？

是的，這本書籍就是那種會讓人一看再看，每次都會有不同收穫的書，如果你剛入門，就輕鬆跟著一峰兄神遊一下酒廠，感受一下威士忌之美；等到你覺得自己入門了，回頭仔細看看思索可以學習到的知識及過來人的心得；等到多年以後，當你已經把威士忌當作生活的一部分時，再回頭讀一下，你也會跟我一樣找到與作者相同的共鳴！以酒會友，不亦樂乎！

姚和成（Kingfisher） 蘇格蘭執杯大師（Master Keeper of the Quaich）

推薦序
威士忌的旅程

展讀 Steven 此書，宛若隨他踏上一段蘇格蘭威士忌的旅程，那片土地、那些島嶼上凜冽吹拂的風，那總是難以捉摸、倏忽交錯的晴和陰和雨，那成片成片連綿起伏的草原、麥田與錯落其的石楠與金雀花，港灣間酒廠裡濃濃的海潮與泥煤味，酒槽畔的發酵香、蒸餾室裡蒸騰逼人的熱度、潮濕黝暗酒窖彷彿凝止的歲月氣息，當然還有那一杯接一杯既強勁又醇美的瓊液，以及深夜酒吧醺醺然聊也聊不完的話題……剎那，歷歷浮現。

在相識、共飲多年的一眾酒友中，Steven 可說是最浪漫的一個。每每同飲一款新相識酒款，讀他的事後描述，總是滔滔澎湃著洶湧的熱情；讓人由衷喟嘆，這熱情的觸媒，非只是此酒本身的傑出，更多是對威士忌本身的摯愛，感官與文字才能如此華麗馳騁。

於是，閱讀《尋找屬於自己的12使徒》的過程，明顯和其他威士忌專書不同，不僅僅是知識理論學問講究的堆疊，不斷躍然於紙上的，還有畫面、情境與氛圍。引人直入威士忌複雜而醉人的迷魅和優美；同時領會，如何尋著自己的方式、自己的路，陶然徜徉樂在此中。

結識威士忌、繼而墜入情網十數年，對我而言，這酒的精采與美麗，一方面來自與產地風土的緊密連繫，另一方面是還能深深浸入生活裡，在餐桌上、壁爐旁，在日常的許多時刻，悠然平心歡享；同時，隨時間的積累，在人生中久久長長為伴。

而 Steven 的書寫，無疑淋漓盡致地展現了這一點。

葉怡蘭 飲食生活作家、蘇格蘭雙耳小酒杯執持者（Keeper of the Quaich）

作者序

此書校稿時，重新翻看過去自己書寫的文字，相當有感，那些美好的畫面瞬時歷歷在目，循著文字灑落下來的威士忌氣味，自己像是一隻識途老狗，邁步前進，這一段路，走起來比之前更充滿著自信，原來書中介紹的酒廠，從初訪的悸動，這些年熟悉到像走自家廚房般的自在，回首文字，字裡行間，還能嗅聞到當時那滿是興奮和認真求知的慾望。

12使徒中幾家原本沒沒無聞的酒廠，這幾年竟也在市場上呼風喚雨了，幾家產量極小的酒廠，或許因爲能見度低，還揣在老饕的懷裏，仍是口耳相傳的寶貝。隨著這幾年威士忌市場的全球勃發，世界各地開了許多新酒廠，自己也默默藏了些新名單，等待適當的時機與大家分享。

幸好威士忌的世界不只是每年推陳出新的創造和流行，它包含了更多歷史、文化、傳承、堅持，而正是因為這些特質讓我們在品飲時，除了用自己的五感和風味的對話，同時，也深入了一塊土地的文化底蘊。

在這本書的閱讀中，浸淫了三十年的我，也仍然覺得興緻盎然，不時的勾起肚子裏的酒蟲，忍不住打開酒櫃，拿出威士忌，幫自己斟滿一整杯的蘇格蘭，那披頭散髮的高地牛，那馳騁在高地的帶角公鹿，那一望無際覆蓋了石楠花的丘陵，那巨石嶙峋海岸的壯闊，盡在杯子裡了，且待我讀完最後一行，闔上書本，與你舉杯同歡，用心體會，不辜負生命中的每一滴威士忌，Slainte mhath！

林一峰 Steven LIN

・旅程・

一切來自生命的感動

有一年幫在威士忌演講會上認識的電影導演好友李鼎慶生，兩個人一起坐在威士忌酒吧的吧台上，喝著泥煤味威士忌，抽著雪茄。聊到彼此剛認識的時候，他說因為聽了我的演講，才讓他發現原來威士忌可以給人們帶來這麼多的感動，也因為如此，他獨處時，與電影劇本的創意構思搏鬥時，他會來杯威士忌，讓迸發的創意進入劇本裡的複雜情節中抽絲剝繭。被威士忌喚醒的知覺，敏感得不會錯過平常生活中美好的細節。正是如此，他發現威士忌真實的價值，也找到自己生命中更多的感動。

當時，他知道了我出書的計劃，他期待我給的不是一本威士忌知識教科書。在這個資訊大爆炸時代，知識這種東西，在網路上搜尋就有了，網路知識能給的，甚至遠比一本書的內容更多更豐富，他期待就像他從我演講中所感受到的，更多對威士忌的熱愛，源自對生命更全面的感受。如此愛上威士忌，也會由威士忌慢慢延伸到生活中的每一個細節，對生命更熱烈地擁抱。

聽了李鼎導演的話，才提醒我，就像人們每天習以為常的生活，漸漸地感受不到自己所居住城市的美麗，忘記了身邊點滴的美好。而我，每天在威士忌中打滾的人，忘記了原來喝威士忌最重要的意義，喝的不是知識，喝的也不是酒精，威士忌之所以如此迷人，是它的美味能感動人心。

Ardbeg
PINK PIGEON
WET
GIN MARE
白州
LAPHROAIG
SELECT CASK
1815

威士忌那把神秘之鑰

從三十年前開始接觸威士忌，認真研究它美好的秘密，發現威士忌是很神祕的東西，不光是威士忌，其實酒在人類歷史中流傳了數千年，經歷過歷史上許多次的禁止或是開放，雖然因為部分人濫用而影響了它的聲譽，歷史終究證明它是人類美好文化中很重要的一部分。數千年過去了，往來饕客難以計數。然而歷史這麼長時間的探索，酒這個東西為什麼還會神祕呢？

經西方科學家研究威士忌之中飽含數百種的酯類、酚類、醇類，以及各式香酚，是所有酒類之中，擁有最豐富最多芳香物質的。而這些複雜的美麗，有些來自當地的水，有些來自土地的味道，有些來自原料麥芽，有些是酵母菌熱情奔放的結果，空氣中飄浮的海風有些也躲了進去，有些來自異國的橡木桶，帶來了萃取自家鄉的風土，也融進去了，當威士忌在橡木桶中靜靜熟睡時，每一次的呼吸，都決定了它未來梳妝打扮好時，見到大家的模樣。

我們在品飲時可以感受多少威士忌所飽含的美麗？如果我們沒有那把打開它神秘面紗的鑰匙，讓它的美麗傾瀉而出，讓它觸動你的五感，讓它撞擊你的生命，我們又如何感受到人類歷史上那些饕人墨客的悲憤激昂，或是狂情縱躍呢？

從這裡開始，將要交給大家一把鑰匙，這把鑰匙打開的秘密，不是到哪裡可以買比較便宜的威士忌？或是買哪一支酒 CP 值高比較划算？也不是哪一位威士忌酒評家的評分特別厲害？更不是哪支酒最好喝？這把鑰匙打開的是自己的五感，解放出來的是生活中蒙塵已久的生命感動。

侍酒師的告白

還記得多年前，我還會站在吧台後面充當侍酒師，拿出一支支威士忌介紹給客人的那個時期，有一位常常坐在吧台前面跟我聊天的上市公司老闆。他剛開始來，總是帶一群艷色的美女們在我播放安靜的爵士樂時大呼小叫，威士忌只喝單一品牌，那種他認為有品味、價格又高昂，正在風頭上流行的威士忌品牌，我總是耐著性子聽著那些言不及義的風花雪月，還有膚淺的露骨調情。當時，完全可以理解，人們總是認為那些有錢人，都是渾身銅臭味的商人，是有它的道理。

經過一年的時間，他沒有不耐煩我總是不厭其煩地介紹那些他不想喝的威士忌，他也沒有厭倦比莉．哈樂蒂這位爵士女伶在他耳邊重複不斷私語，還是三不五時往我這裡跑，還是坐在吧台上，並沒有躲到下面的位子圖個耳根清靜。反倒是我沉不住氣了，突然有一天，我惡狠狠地抓住他的手，對著他說，你已經來了一年了，從來沒有對我說過一句正經話，我對於你這樣不禮貌的行為，感覺相當失望。他愣了一下，緩緩的收起了他那一向調皮的眼神，意味深長地看了我一眼。

從那一天起，他開始跟我談他讀大學時，那位第一次交往的歷史系女友，通了幾封情書、約了幾次會，而在德國拿哲學博士學位時，參觀德國的古遺跡，發現裡面有一條龍

NIKKA

的圖騰，那條龍很明顯是東方的龍，而不是西方形式的龍，因此引發他深入追尋東西方文明在遠古時期何時交會的歷程。之後，我們大部分交談的內容都在分享每個國家文化的豐富性，當然，他也開始喝起那些他從來都不想喝的威士忌了。

「或許威士忌沒有適不適合的問題，而是我們的心靈有沒有準備好打開來接納它豐富的美麗。」

在我們開始啟程尋找屬於自己生命中的威士忌前，得先裝備一下自己。敞開胸懷是第一件要做的事。先忘記你過去認為什麼是好酒、什麼是爛酒的觀念，先放下誤解的成見，先拋開自己高不可攀的身段。從現在起，我們會開始談威士忌，還有，不只是威士忌。

放下過去對威士忌的偏見

這些年，每個月都有數不清的演講邀約，也因為這樣的機會，直接面對許多消費者，不論是事業有成的企業家，還是各行各業有為的社會菁英、知識青年，我發現了一個現象，跟社會地位無關，也跟知識學歷無關，大部分的人都長時間困在一些對威士忌的錯誤理解，這樣的觀念或許來自以訛傳訛，或是一些傳統酒商的行銷術語，出乎我意料之外的，許多喝威士忌幾十年的老前輩總是懷抱著錯誤的價值觀念，喝了這麼多年，還是在威士忌神秘殿堂之外打轉，不得其門而入。

問題在哪裡呢？

根據這些年與消費者第一線的接觸，我幫大家歸納出幾個容易犯的偏見，把這幾個偏見放下，威士忌就會在你的面前現出它原來的面目，原來它是個容易親近、心胸寬廣、滿肚子學問，可以為你生命帶來無限滿足與愉悅的好朋友呢。

大部分的人對威士忌有四大誤解：顏色、年份、老酒一定好、越陳越香。

威士忌顏色的意義

許多人以為威士忌顏色越深，代表陳年一定比較久。以為顏色越深，橡木桶的品質越好。以為顏色越深，威士忌就比較好喝。這些對威士忌顏色的想法，如果都是錯誤的，會不會嚇了你一大跳呢？

威士忌的確會隨著放在橡木桶之中熟成，吸收了橡木的顏色，慢慢由原本剛蒸餾出來透明的顏色，轉變成為美麗的琥珀色。可是，主要決定一支威士忌的顏色深淺，不是橡木桶陳年時間的長短，而是橡木桶的類型。

一般來說，蘇格蘭威士忌的熟成主要使用兩種橡木桶，一種稱之為波本桶，一種稱之為雪莉桶。波本橡木桶來自美國，這種橡木桶先陳放過美國波本威士忌，當波本威士忌熟成結束，倒出成品後，所剩下的空桶子稱之為美國波本橡木桶（American Bourbon Barrel），這樣的桶子通常容量是一百八十至兩百公升。而雪莉桶來自西班牙，之前先陳放過西班牙十分知名的佐餐葡萄酒—雪莉酒，雪莉酒是種加烈葡萄酒，放過雪莉酒的空桶子，稱之為西班牙雪莉桶（Spanish Sherry Butt），這樣的雪莉桶通常容量是四百八十至五百公升。當威士忌裝入這些橡木桶之後，威士忌就會萃取出藏在橡木桶之中的顏色及風味。

LANARKSHIRE STEEL

正因為這兩種桶子的特質相差甚大，使用波本桶熟成的威士忌會呈現出柔和的金黃色，雪莉桶熟成後的顏色偏向深邃的琥珀色及深棕色。這才是決定威士忌顏色深淺最主要的因素，陳年的變化是其次。

所以通常用顏色的深淺來做為威士忌單一選購的標準，比較容易喝到固定特質的威士忌，就像是你家的電視機明明有許多頻道，你卻只懂得觀看單一節目性質的電視頻道而已，因為誤解，反而覺得電視節目內容不過爾爾，就是那麼一回事罷了。對威士忌有這樣的迷思，因此錯過了更多的美好，真是太可惜了。

年份一點都不重要

聽到許多老一輩的威士忌愛好者說，我只收藏老酒，威士忌陳年沒有超過三十年，我不喝。我還曾在一本知名雜誌的專欄中，看到一位葡萄酒專家寫一篇關於推薦威士忌的文章，他說：「喝威士忌要從選年份開始喝起。」如果我說這些想法對威士忌誤解太深了，會不會讓你嚇一跳？

這些品嚐威士忌多年的老饕，或是其他酒類的專家都有這麼深的誤解，那剛入門的新手會不會很容易進入威士忌年份的迷思誤區之中？如果你了解蘇格蘭威士忌的本質，你就會發現威士忌的年份對於判定威士忌的好壞一點都不重要。

威士忌與葡萄酒最大的差別在於，威士忌是蒸餾酒，而葡萄酒是釀製酒。葡萄酒只經過發酵及部分經橡木桶熟成的過程，酒精濃度大約十五％，就過濾裝瓶了。而威士忌在發酵之後，還要經過二次蒸餾，將酒精濃度提高到七〇％左右，再放入橡木桶中熟成，最後再調配裝瓶。葡萄酒因為釀製，葡萄栽種時，土地，氣候，環境，對作物的影響清楚的被記錄在酒之中，因此我們所熟知的法國波爾多葡萄酒在一九八二年跟一九八三年好壞的年份有相當大的差異。而威士忌因為多了蒸餾這道工序，把當年氣候環境對作物的影響降到最低，在蘇格蘭，威士忌的大麥作物反映年份的氣候環境影響幾乎分不出差別。

那坊間有許多標示著年份的威士忌品牌又是怎麼回事？

正常來說，蘇格蘭威士忌的年份，其最重要的意義在於記錄了時代造成製程技術的變化或酒廠首席調酒師人事的異動，或是酒廠因為全球景氣的變化而關廠或重新恢復生產的歷史意義，與大麥本身的年份好壞一點關係都沒有，換言之，從年份或許能判定因為人事的更迭造成風格的改變與否，而不是一支酒的好壞。

耶誕老公公與行銷專家

前幾年從某家蘇格蘭威士忌集團全球執行長——肯尼（Kenny）那裡聽來一個笑話。肯尼一向認為自己是一個實事求是的工作者，而不是天花亂墜的行銷人員。不幸的，有時候在一家酒廠之中，這兩者的立場是相衝突的。

肯尼很喜歡打牌，牌桌上通常是四個人，一天他跟其他三個人一起打牌，坐他左手邊的是一位誠實的行銷經理，坐他對面的是耶誕老公公，坐他右手邊的則是一位不誠實的行銷經理。牌打到一半，桌子上堆了滿滿的籌碼，突然之間無預警的停電，停電停了五秒鐘，電力一恢復，燈重新亮起來，桌子上的籌碼全部不翼而飛，很顯然的是被牌桌前的人偷走，肯尼知道自己沒偷，其他三位到底是誰偷走了籌碼？肯尼用著狡獪的表情問我。

等不及我的胡亂瞎猜，肯尼就公佈了這個笑話的答案：是不誠實的行銷經理偷走了。為什麼？

因為這個世界上誠實的行銷人員與所謂真正的聖誕老公公都是不存在的，因此一定是不誠實的行銷經理偷走。

你買的威士忌中有多少是真正的價值？有多少由行銷手段賺走了？

IAN McAR
ISLA
LAGAVULIN

麥芽酒與橡木桶的平衡

麥芽威士忌是用麥芽和水當作原料加入酵母菌發酵，並蒸餾出來的烈酒。接著放在橡木桶中陳年，讓透明的麥芽新酒透過陳年，染上琥珀的顏色，並將酒質加以柔化，讓威士忌更顯醇美。經過壺式銅製蒸餾器新蒸餾出來的透明烈酒，個性鮮明、味道豐富，具有那家酒廠獨一無二的強烈風格。而使用橡木桶陳年，時間讓酒液醇化美味，相對來說，麥芽酒原廠的強烈風格屬性也被慢慢降低。

陳年較短的威士忌，顏色較淡、麥芽香氣重、口感辛辣，個性強烈而直接。陳年較長的威士忌，橡木桶的影響較重，顏色較深、木質丹寧重、口感溫潤平和，味道細緻而綿長。

麥芽原酒與橡木桶之間的對話，一直是威士忌努力去追尋的平衡。

每一家酒廠的特質不同，其所釀製的威士忌的平衡美感也不同，有些威士忌喝起來有著清幽淡雅的美感，有些威士忌個性強烈狂野而奔放，彼此之間有相當大的差異。就像欣賞美女一樣，不是每一位美女都應該濃妝豔抹才會顯現她的美麗。

威士忌新蒸餾出來的透明原酒就像是一位美女的本質，而透過橡木桶的熟成就像是為這位美女依照她的個性及品味，著上最適合她的衣裳。

過去舊時代的觀念，老酒就是好酒，顏色深的就是好的陳年，酒越貴就越好喝，這樣朝向單一面向傾斜的舊時代價值在威士忌上全然被打破。威士忌尋求的是一種平衡，陳年十二年、十八年、二十五年、三十年，並不是判定威士忌好壞的基準，認識每家酒廠的特質，並找到與之相對應的美麗，這才是威士忌的真價值。

哪裡的時間才算數？

所謂「越陳越香」這個觀念普遍為一般民眾所接受，所以很多人很難接受，三十年前爺爺那個時代所留下來的白蘭地或威士忌，放越久，可能酒質不會變得好喝許多，還有因為保存不良而風味走失的風險。

威士忌一直有一個觀念讓我覺得好迷人，那就是所謂「天使的分享（Angel's Share）」。

橡木桶是有生命的物質，可以讓桶內的威士忌與外界的空氣進行氣體的交換。因為橡木桶是活的，所以陳放在橡木桶內的蘇格蘭威士忌，也會因為時間，而每年大約以平均二%的速度流失到空氣中。而這其中流失的酒精與水的比例，因為儲藏的方式及環境不同，而有差別。這些損失，稱為天使的分享（Angel's Share），彷彿被上帝抽了稅。

我想蘇格蘭人心中一定想著喝威士忌是跟上帝打交道，God's gift and Angel share with age。

所以當裝瓶之後，上帝就無法派天使來人間抽稅，在密封的瓶子中，威士忌就停止陳年，就算這瓶酒是從爺爺時代留下來，是充滿回憶而有紀念價值的遺物，只要上帝沒有分紅，它就不算陳年。

當顏色不再迷惑你，當年份不再榮耀你的虛榮，當你從威士忌身上學會及時行樂，不再讓時間無謂的流逝。我們就可以開始學習認識威士忌，並練習沒有偏見的品味威士忌了。

威士忌是生命的品味

英國著名的作家彼得梅爾著作了一本書《有關品味》（Expensive Habits），描述在資本主義的浮華社會之中，身為一個人不得不品嚐的美味，在書中，威士忌從所有烈酒之中脫穎而出。威士忌這個號稱全世界擁有最多豐富美妙氣味的烈酒飲品，是如何與品味畫上等號？

幾年前有一部電影《明天過後》（The Day After Tomorrow），這部描述人類因氣候環境的改變，面對瀕臨世界末日的天災，一個即將被氣候劇變冰凍的氣候研究室，急需燃料來協助取暖，當汽油用罄時，科學家發現一瓶藏在書架上的蘇格蘭單一麥芽威士忌，唯一可以拿來當做燃料的救命液體，喝它？還是當燃料？最後，科學家們放棄用威士忌取代汽油，選擇飲用生命之水威士忌，來面對生命死亡的最後時刻。

日本作家村上春樹幾年前寫了一本威士忌朝聖之旅的小書《如果我們的語言是威士忌》，很浪漫地描述威士忌的特質：比語言更細膩豐富。人與人、文化與文化的交流，沒有了語言，一杯威士忌，或許更恰如其份的扮演溝通的角色。

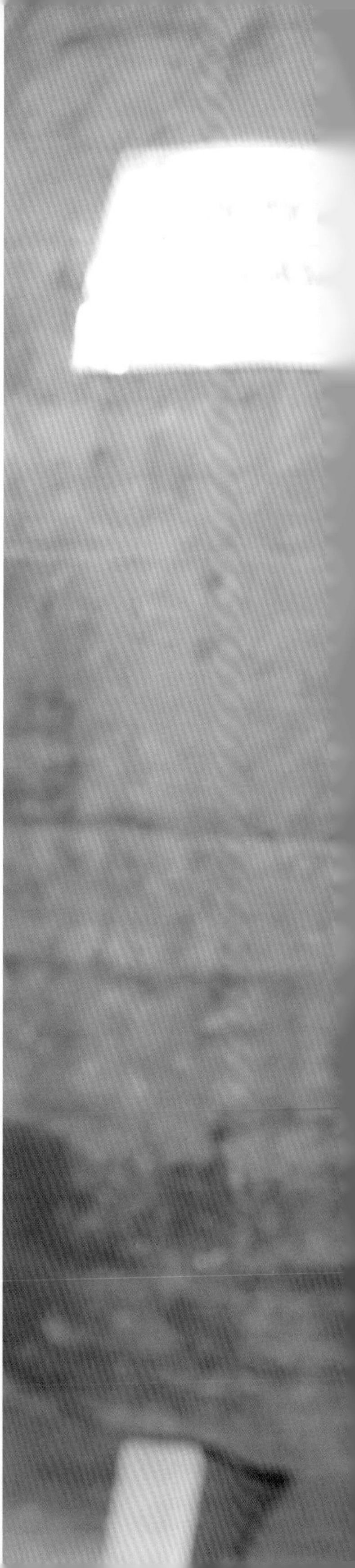

感官覺醒的旅程

「喝酒不只為了讓心靈沉醉，是為了讓感官覺醒！」

對於一個懂得喝威士忌的人來說，心靈硬化比肝硬化是更可怕的疾病。這句箴言是和朋友一起品酒時，偶然拾得記下來的智慧言語。好友一直從事很「硬」的工作，長久日積月累，或許從生活中學習了許多經驗及道理，但對生命的感動，卻像鉛筆一樣，隨著時間慢慢被縮減，就像是硬化的心靈，事情越做越有效率，感動卻越來越少。

很多人喝酒是為了「買醉」，但是品酒的人卻是為了「覺醒」。品味玩賞酒的風味是讓我們的口、鼻、唇、齒與酒液重新建立新的覺知關係。讓我們口腔內的味覺、嗅覺與觸覺細胞全面甦醒，重新感受生命的美好滋味。尤其是有「生命之水」之稱的威士忌，更能讓生命因覺醒而開花，芳香四溢。

用威士忌開始讓自己已鈍化的細胞重新覺知，從眼、耳、鼻、舌、身、意；從色、聲、香、味、觸、法，用威士忌讓生命重新的認知和理解，不也是一種人生的修行嗎？

威士忌與人的對話

威士忌之所以豐富有趣，在於每一家酒廠都有他們上百年的堅持，每一瓶酒都擁有它強烈的個性特質，換言之，人們經由喜歡威士忌的類型也不經意地露出了自身的內在性格。中國的唐詩、宋詞、元曲三大家在歷史上都有豐富的表現，因為時代特質不同而有不同的展現，詩言志、詞言情、曲言道。

唐盛世，眾讀書人都希望自身可以在仕途上一展長才，不管結果是飛黃騰達或有志難伸，都是希望有機會可以展露頭角，看一看威士忌市場上大顯身手的品牌：麥卡倫（Macallan）、格蘭菲迪（Glenfiddich）、約翰走路（Johnnie Walker）……乃言志之屬。

宋靡世，政治的不彰讓人心遁避到世俗之情，或遊山玩水或男女情愛或朋友義氣，也許沒有遠高的志向，但人文的精彩卻無與倫比，有更多不同的民間文化各自表述。就像是格蘭傑（Glenmorangie）做出不同的風味桶實驗，布萊

迪（Bruichladdich）對酒的大膽創新與突破……乃言情之屬。

元混世，被異族統治的避世而居，將心中的志向放到世俗之外的理想世界，人道不可行，寄情於天道，這樣對理想的堅持，不輕易隨著市場改變而改變的威士忌，如堅持三次蒸餾的歐肯（Anchentoshan），如堅持直火蒸餾的格蘭花格（Glenfarclas）……乃言道之屬。

或許這樣的分類法並不盡人意，然而仔細從自己生活的經驗上來對應身邊朋友所愛的威士忌，總有些特質不謀而合。品牌偏執者總有他偏愛的品項，潮流追求者總有他迷信的忠誠，知識份子都有著頑固的堅持，從這樣看來，威士忌適當的表現出每個人內在擁有的品味，這就是威士忌迷人的地方。

其實威士忌無語，是人的品味和文化，讓威士忌變得更有趣。

擁有深沉靈魂的威士忌

古典音樂的歷史中，當年歐洲柏林愛樂的音樂總監福特萬德勒，將這個充滿著光榮的位置交給卡拉揚時，柏林愛樂的演奏音樂家完全不能適應這個後來被稱之為古典音樂帝王的指揮家卡拉揚。為什麼？因為福特萬德勒指揮了柏林愛樂三十年，福特萬德勒是一個非常嚴謹的人，正是他的一絲不苟打造了柏林愛樂成為全世界前三大交響樂團的不朽名聲。卡拉揚恰恰相反，他指揮時，常常在行雲流水的動作下不自覺閉上了雙眼，沉浸在音樂的世界中。雖然兩者都是大師中的大師，但作風截然不同。花了些時間，好不容易柏林愛樂才熟悉了卡拉揚的作風，而卡拉揚也把柏林愛樂帶向另一個高峰。

有一天樂團練習的時候，一位負責低音鼓的元老級音樂家在演奏的當下抽空看書（他不是偷懶，因為低音鼓在一首曲目中可能只有幾下很重要卻很稀少的敲擊），突然之間耳朵裡的樂聲大變，他嚇了一大跳，趕忙抬頭一看，看見年老的福特萬德勒遠遠的從觀眾席的入口走進來探望他們。原來正在演奏的音樂家們看到老指揮家走進來，不自覺就回到了以前的音樂吹奏模式，過去三十年內化的影響不自覺從音樂之中流露出來。

威士忌的製作過程，就像是一整組交響樂團，每一個環節都是由酒廠設定嚴格把關而成，不管是發麥、醣化、發酵、蒸餾、橡木桶的陳年，還是經過首席調酒師的選桶調和，都是嚴格而有效率的，這些當然是一瓶威士忌風格的主要來源，不過，酒廠上百年歷史的堅持及傳承，才是威士忌內化的靈魂，缺了這一層思考，就不是完整的威士忌語言呢。

所以下一步我們要開始學習如何品嚐威士忌，學著重新開放自己的五感，讓威士忌的

品味，語言，和深沉內在的靈魂，與我們對話，產生生命的共鳴，聆聽威士忌所奏出的生命樂音，聽聽看你喜歡的是卡拉揚？還是福特萬德勒？

如何品嚐威士忌

想要了解威士忌的美麗及深沉的靈魂，並且與它產生對話，進而在品味的過程中豐富自己的生命。學會正確的品嚐威士忌變成了一個非常重要的手段和基礎。

華人世界在餐桌上知名的乾杯文化，到底是品味的殺手，還是推手？老一輩的人說，烈酒入喉不入口，品嚐的是來自喉底的回甘，有沒有道理？威士忌純喝好，還是要加冰塊喝呢？

這麼多年來，認識了許多蘇格蘭威士忌大師、蒸餾廠廠長、首席調酒師，發現華人的飲酒觀念與蘇格蘭人大不相同，甚至與世界威士忌五大產區之一的日本，亦不盡相同。蘇格蘭人居住的地方氣候寒冷，亞熱帶區域的氣候炎熱，環境造就了飲酒文化的不同，以我了解威士忌所擁有的寬大的心胸，喝法並沒有對錯的問題，不過如果有些方法，能夠更貼近威士忌的本質，能與威士忌更深入的對話，就是值得我們努力效法學習的吧。

在這裡與大家分享我自己品嚐威士忌的三步驟，觀色，聞香，品嚐。

一、觀色：許多人有著對威士忌錯誤的觀念，認為顏色深的威士忌比顏色淺的威士忌好，事實上不是這樣的。威士忌顏色的深淺主要來自所使用的橡木桶不同所造成，放進美國波本桶陳年的威士忌顏色呈金黃色，帶有花蜜及太妃糖的氣味，而放進西班牙雪莉桶陳年的威士忌顏色呈深琥珀色，帶有巧克力及葡萄乾的氣味。因此威士忌的顏色純粹充做參考，並不會影響一隻威士忌的美味與否，許多知名的國際威士忌評鑑大賽，也不把顏色列入威士忌的評鑑當中。

二、聞香：根據科學家研究，在威士忌品飲的過程中，人們五官感知到的美味，威

士忌的香氣佔品飲經驗總體的八〇%，而威士忌的口感佔總體的二〇%，如果你習慣拼酒，不管三七二十一，大口把威士忌喝下去，忘了仔細聞一聞威士忌香氣，就算你的舌頭再棒，也只能感受威士忌部分的美麗，這也許是許多人無法感受完整的威士忌風味最主要原因。所以我們多花點時間聊一聊如何感受威士忌的香氣。

聞酒的動作是當杯子靠近鼻子的時候，杯子大約成四十五度角的斜度，常常是不是覺得每一次聞氣味都不盡相同？沒錯，一般來說我們可能沒注意到杯子中的酒香大致分成三個層次：

（1）最上一層稱之為「天」，記錄了作物的原始血統，所以要分辨出麥芽的氣味，要在上層的香氣中找到，一般來說上層有較多的花香及麥芽甜香。

（2）第二層稱之為「地」，記錄了威士忌在地的風土，所以常常可以聞到礦石味或青草味，或是一些泥煤的氣味，因為這些都是來自土地的味道。

（3）最下一層稱之為「人」，記錄了釀酒師的技術，所以來自橡木桶熟成所產生的木質調會跑出來，或是酒精的感覺，所以一支威士忌用的是波本桶陳年或是雪莉桶陳年，酒精濃度的高低，橡木桶的新舊，都可以從最下一層的香氣中，依稀分辨出來。

聞香時千萬別急著將鼻子塞進酒杯當中，如果焦躁地將鼻子埋進酒杯中，不小心讓所有香氣全都混在一起，難怪每次聞味道都不太一樣。盡可能緩慢地把杯子傾斜四十五度角，讓靜置後分層的香氣，一層層滑進你的鼻腔。威士忌會溫柔地把它一生的故事，全都告訴你。

三、品嚐：先純喝一口，了解自己對酒精的適應程度，再試著加點水，將威士忌沉睡多年的美麗喚醒，接著大膽地讓你口中威士忌從舌頭前端滑向後端，花個三、五秒鐘在口腔當中繞一整圈，讓所有的味蕾都向你口中的威士忌張開雙臂，再緩緩的吞下去，深呼一口氣，這時候，所有的感官都會為威士忌的美麗而歡呼，威士忌辛苦在橡木桶裡多年的沉睡得到你的歡呼，一切都是值得的。

加水加冰塊或是純喝？

許多自命不凡的威士忌專家，認為威士忌只能有一種喝法，那就是不加水純喝，英文稱之為 naked，因為如此才能喝出它原本的味道。有一個蘇格蘭人的玩笑，典型的蘇格蘭人只喜歡二種東西裸體（naked），一個是女人，一個是威士忌。但他們都忘了一點，幾乎所有的威士忌在裝瓶時，都已經用水稀釋過了。

大部分有格調的威士忌飲用者，都會在喝酒時放一大杯水在一旁，為何？因為他們都知道適當的加水，可以釋放出那隻威士忌獨特的香味及口感的層次，所以你去一家賣威士忌的酒吧，當吧台裡的侍酒師對你說本店不提供水杯，別急著點酒，換一家店喝比較保險。

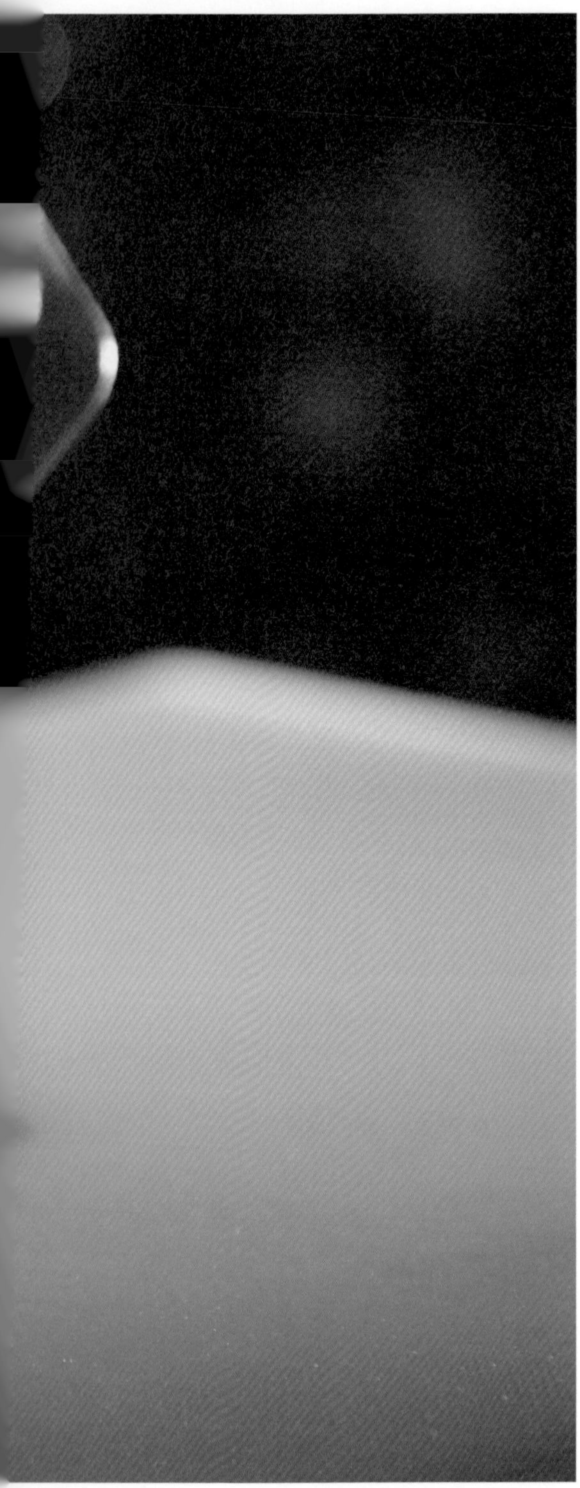

威士忌純飲

一瓶好的威士忌，除了基本上要有一個專業嚴格的蒸餾廠團隊，確認水、麥芽、酵母、橡木桶的品質優良，並監控磨麥、醣化、發酵、蒸餾、桶陳的每一道工序。最重要的是在威士忌裝瓶前的調配，調配決定這隻酒用什麼樣的個性，以什麼樣的風貌面對消費者。

調配這件事，決定了威士忌裡面數十種不同基酒的比例，就像是一位指揮家，決定在他的交響樂團中，數十把不同的樂器，誰該放在哪個位置，誰該發出多大的聲音，誰該與誰配合，讓每一把樂器協同一致，奏出和諧的樂章。在饕客的味蕾上，演奏出迷人的味覺交響曲。

純喝這件事，就是嘗試著不加入自己個人多餘的喜好，以最能接近首席調酒師所決定的威士忌本質的方式，並與之對話。選用一只專業品飲用的鬱金香杯，將威士忌緩緩地倒入杯中，映著晶瑩剔透的杯身，觀察琥珀的酒色，以及酒在杯壁上所形成的淚腳，再讓鬱金香杯開放的杯口，把威士忌的芳香一層層滑進您的鼻腔，最後啜飲生命之水，用你的靈魂與威士忌的樂章一起共鳴。

威士忌加水

蘇格蘭威士忌其複雜性經科學家用解析儀器研究，發現有數百種不同的氣味分子，造就了它迷人的味道，所以說再好的舌頭，也未必可以完全的了解威士忌所有的味道，那該如何有效釋放出威士忌的魅力呢？

幾乎我所認識的每一位蘇格蘭威士忌專家，不管是製酒專家、品酒大師，或首席調酒師，每一個人在品嚐威士忌時都會試著加點水進去。

對蘇格蘭人而言，加水進去不是為了稀釋，是為了讓威士忌中的芳香酯類，透過加水而釋放出來，為了讓威士忌的結構舒展開來，為了讓封閉的香氣釋放出來。在威士忌中加入少量的水，不只不會影響到它的品質，通常會讓威士忌品飲時過份緊密悶住的口感舒張開來，香氣也更加明顯。

加水的多寡也是一門學問，根據我的經驗，每一支不同酒廠的威士忌，陳年的特性不一樣，適合加入水的比例也不相同。有些專家認為加水讓威士忌從四〇%降至二〇%酒精度，像葡萄酒一樣飲用它，最能感受到其完整的風味。有些專家堅持加水入威士忌比例約三分之一，是最適當的比例。有些專家甚至認為加入威士忌中的水只要加入一滴就好，第二滴都太多。有趣吧！加水這件事，每一個人都有自己獨到的秘訣，每一個人的玩法都不相同。

威士忌加冰塊

還記得二十幾年前從蘇格蘭酒廠來的人，初到我經營的威士忌酒吧訪問參觀，看到吧台裡端出一塊塊用手工切成鑽石形或圓形的大冰塊，無不瞠目結舌，晶瑩剔透的鑽石冰塊加上琥珀色的威士忌，真是一絕。當時，在他們的經驗之中，是沒有這樣的習慣的。

事實上，加冰塊降低威士忌的溫度後，會讓威士忌更順口，變得容易大口飲用。相對來說，冰塊也會降低威士忌在鼻腔中的香氣。所以得與失之間，就由饕客自行衡量。如果你身處亞熱帶，與蘇格蘭的緯度不同，氣候較炎熱，將威士忌加冰塊來飲用無可厚非，大熱天加冰塊喝威士忌，暢快消暑兩相宜。

一般來說，威士忌加冰塊會用寬口老式酒杯盛裝，為了達到冰鎮酒汁，不因融化而影響口感，專業的酒吧會將冰塊手工雕成與老式酒杯杯口一樣大小的圓球，或是鑽石形狀大冰塊，以達到冰塊接觸酒汁的最小表面積。

冰塊太年輕也不能用，融化速度快。最好的冰塊，得在零下二十五度的冷凍庫，放個十天半個月，這樣冰塊的硬度夠，也夠晶瑩剔透，這樣又硬又透明美麗的冰塊叫做老冰。使用如此的冰塊才能有效的降低威士忌溫度，又不致過份融水而稀釋了威士忌的品質，在形體上也美觀適合欣賞。

許多證據顯示，酒精可以防止冠狀動脈的疾病，高酒精濃度的威士忌，又比低酒精度的紅酒或啤酒好，酒精也是很好的鎮定劑，對於坊間很流行的都會失眠症、憂鬱，都有舒解及減輕的作用，當然過量的酒精對身體一定不好，但千萬不要讓關心健康的態度，成為不健康的偏執，酒在人類歷史中流傳了數千年，好與不好，歷史已經告訴了我們。

到底純喝、加水、加冰塊，哪一個才是最正確的喝法？威士忌的心胸氣度大到超乎我們想像，不流俗，不盲從，找到最適合自己的方法，就是最正確與威士忌交歡的品飲樂趣。

全世界最棒的威士忌是……

每一次演講，碰到最多人問我的問題就是：「哪一隻威士忌最好喝？」一些聽眾比較迂迴，不好意思直接問，於是改問：「老師，你自己最喜歡哪一隻威士忌？」兩個問題期待的答案都是一樣，省略掉探索威士忌的路程，一步到位，找到唯一且簡單的答案。

我通常回答，當你了解威士忌的本質時，你會知道這個問題是沒有答案的，威士忌從頭到尾就沒有依循一個統一來接受被評判的標準。目前在蘇格蘭大約有一百四十家左右的威士忌蒸餾廠，遍佈在蘇格蘭本島及沿海小島之中，數百年來至今存活下來的一百四十家酒廠，它們通常不是刻意去順應時尚潮流而活下來，雖然隨著時代科技進步而製程設備更新改變，不過更多的是，它們仍努力堅持著上百年的傳統，是固執的守舊派，仍頑固地使用百年前的蒸餾器型式，手工地板發麥，甚至有些堅守老式奧勒岡松木製的發酵槽，還有那看起來相當原始的蟲桶冷凝法。

那些堅守在森林中的威士忌酒廠，仍然在所有需要水的製程中，放進那百年來不變的地底湧泉水。那些堅守在海邊的酒廠，像是行船人的燈塔，百年來堅定地迎向從大海吹向陸地的季風，身上永遠留著那去也去不掉討海人特有的鹽味。那些在北方孤島的酒廠，還是日復一日，用著來自當地挖出的泥煤炭，燻烤著麥芽，讓泥煤在地底等待數千年的幽魂，化成一縷青煙，鑽進麥芽之中，轉化成威士忌裡難以言喻的奇特美麗。

當你知道每家酒廠都有來自那塊土地獨一無二的性格，你也了解到每一家酒廠為了堅守信仰百年孤寂的艱辛，換你來告訴我，誰是全世界最棒的威士忌？

所以這本書不是給你每一支威士忌的評分，讓你簡單的按分數索驥，也不會用標準解答滿足你速食的口腹之慾。這個世界上每個人都不同，我們的生命經驗也不一樣，我們的生活品味不同，就像目前蘇格蘭一百四十幾家威士忌酒廠，每一家的性格都大不相同，我們心靈共鳴到的威士忌風格一定也很不一樣。我們要開始認識威士忌，進行威士忌的探索之旅，從每一個產區的風土及地理開始，從每一家酒廠的歷史傳承開始，當有那麼一天，你的心「噹」的響了一下，一會兒又「噹」的響了一下，莫名其妙心跳開始加速，或許那個時刻，你也找到了與你心靈共鳴的威士忌了。

要找到與自己像好朋友一樣共鳴的威士忌，就像認識人一樣，先認識它來自的故鄉，就知道它那黝黑的肌膚，以及略帶鄉音的腔調，其來有自。也就更懂得欣賞它的優點，並接納它與你價值不同的風土特色了。

接著，讓我們開始認識蘇格蘭威士忌五大產區的地理特色及人文條件，跟著我做一趟威士忌之旅，拜訪好友們的故鄉，讓我們認識它討人喜愛的個性，以及所來自的源頭。

蘇格蘭威士忌的五大產區

蘇格蘭因地勢環境的不同，以及威士忌酒廠的分佈，分成幾區。包括低地區（Lowland）、高地區（Highland）、斯貝區（Speyside）、海島區（Island）、艾雷島區（Islay）。

有一天，當我的心「噹」的響起了一聲，就知道不妙了，威士忌不知不覺中已經跟我的心靈感動連繫在一起了，從那時開始，就忍不住想要親身飛去威士忌產區的蘇格蘭看一看，去拜訪那裡老是留著龐克頭的高地牛，身上被噴得五顏六色的小綿羊，以及馳騁在那塊豪邁土地的帶角公鹿。

我計劃了從蘇格蘭的首都愛丁堡起行，一路從低地區、高地區、斯貝區、北方海島區、西南海島區、艾雷島區，繞了蘇格蘭一圈風土，沿路看風光景色的變化，經過了蘇格蘭這一圈，我才恍然大悟，每一家蘇格蘭威士忌酒廠的個性如此與眾不同，其來有自，原來土地氣候環境早就種下了獨特個性的因子，加上蘇格蘭豪邁的文化特性，心胸寬大的他們，早就接受了每一家酒廠獨一無二的存在。

愛丁堡的文化之旅

來蘇格蘭，一定要拜訪的就是首府愛丁堡（Edinburgh）。雖然這裡不釀造威士忌，卻有一個全世界知名的「蘇格蘭威士忌文化中心」（The Scotch Whisky Centre），是所有威士忌愛好者，必然一遊的觀光景點。這裡清楚的從文化與歷史的角度，把威士忌的奇妙及有趣，生動的安排在這個文化中心的威士忌奇幻之旅。愛丁堡並不是很大的城市，比起蘇格蘭第一工業大城格拉斯哥（Glasgow）小多了，可是那古色古香的古老建築，古老的花崗石鋪成的街道，引人入勝的中古世紀的懷舊情境，卻不是其他城市可以比擬的。

蘇格蘭威士忌文化中心有安排大約一個小時的參觀行程（Whisky Heritage Centre Tour），整個遊覽把威士忌的歷史，生動地呈現給觀光客，在這個遊覽，可以很輕鬆了解威士忌的製作、生產、歷史沿革，當然最重要的還是親身體驗：就是喝酒。不知他們是不是每次都準備有著消毒藥水味的威士忌，上一次我去愛丁堡威士忌文化中心之旅，他們準備了黑樽（Black Bottle）給大家免費試喝，有強烈的泥煤味，我想是不是許多威士忌愛好者的觀光客，第一次的泥煤感受，都是在這裡失身的吧。

愛丁堡最主要的街道叫作皇家大道（Royal Mile），也是愛丁堡最古老的區域，在皇家大道上有著各式各樣的店鋪，有手工藝品店，有蘇格蘭服飾店、街頭畫廊、喀什米爾羊毛店、餐廳、酒吧、威士忌專門店，當然那家蘇格蘭威士忌文化中心也在這條街上，這條美麗的街道一路通向愛丁堡城堡（Edinburgh Castle），每年七、八月時，有愛丁堡音樂祭，到那時滿城的音樂表演，三步一個，五步又一群，各式各樣的表演，彷彿這座古城又恢復了它文化最宏大的時代，無怪乎在一九九五年聯合國教科文組織（UNESCO）把整個城市列為世界文化的遺產。

從低地區開始喝威士忌

位於蘇格蘭低地區的愛丁堡，是威士忌之旅的起點，舊時代的低地區威士忌酒廠僅剩的三家蒸餾廠：歐肯（Auchentoshan）、格蘭昆奇（Glenkinchie）、布萊德諾赫（Bladnoch）都是值得拜訪的對象，特別是就在愛丁堡附近的格蘭昆奇蒸餾廠，號稱「愛丁堡麥芽」，更是值得一遊。

喜歡日本的櫻花嗎？四、五月蘇格蘭的櫻花爆開在樹頭上，颯紫嫣紅，把整個蘇格蘭低地區妝扮得十分豔麗，每一處綠地，每一條街道，都開滿滿的櫻花，不同的是，蘇格蘭櫻花不會像日本櫻花一樣飄落滿地，在樹上春情，也在樹上凋萎，眷戀枝頭的櫻花是不是就像蘇格蘭人的內在性格呢？

從愛丁堡出發向東走二十五公里，就是低地區的蒸餾廠格蘭昆奇，這是一家非常小的酒廠，卻擁有全蘇格蘭最大的蒸餾器，整家酒廠延續了愛丁堡的風情，四、五月到處綻放著櫻花，美極了。酒廠裡的導覽員十分專業及客氣，原來在這個一切都電腦化的時代，目前酒廠裡同一個時間只要兩個工作人員，這位紳士般的老先生是從酒廠的製酒工作退下來，成為專業的導覽員，分享他數十年製作威士忌的經驗。老先生在喝威士忌時，習慣在酒中加一點水，他稱此為「Waking the serpent」（加水，讓（酒）蛇醒來）。

格蘭昆奇酒廠除了用著全蘇格蘭最大型的蒸餾器，來製作最細緻的低地風格威士忌，酒廠的一部分是扮演教育者的角色，它的遊客中心有一系列製作威士忌過程的精緻模型，把製作威士忌的步驟清楚地傳達給不甚了解的觀光客，如果是初入門的威士忌愛好者，經過愛丁堡威士忌中心歷史的洗禮，再加上格蘭昆奇蒸餾廠模型的解說以及實地的參觀，對威士忌的認識一定多了一甲子的功力。

現在的威士忌蒸餾廠特別注重環境的保護，以及資源的再利用，除了我們所知格蘭昆奇酒廠古老的傳統，將製酒剩下的麥芽殘渣拿來餵牛，他們也用自然的冷泉水來幫萃取出糖分的麥芽汁降溫，蒸餾後的蒸汽回收而來的水拿來種樹，就算熱能之間轉換的能源都不放過。同樣一份的水，有多種的用途，精心花園的配置，讓這家酒廠看起來一點都不像是個工廠，比較像是一個公園。

準備離開酒廠時，老先生指著儲酒倉庫外的黑色磚頭牆，讓我猜一猜為什麼紅磚頭會

變黑？我猜想是背陽的關係，或是潮濕天氣所造成的發霉，或是磚頭出窯時就形成了。結果都不是，答案是：磚頭之所以會黑，是因為天使的分享（Angel's share），在儲酒倉庫之中，經年累月的酒精蒸發而滲透到外牆，造成外牆的磚石成為黑色，這可是歷史的累積，歲月的見證啊！所以在蘇格蘭，威士忌是不能偷藏的，看見哪個倉庫外面的石牆上佈滿黑色的黴，就知道裡面藏著一桶桶的威士忌在陳年著。

到了蘇格蘭之後的威士忌旅行，建議選擇小巴士作為東奔西跑的主要交通工具，雖然交通上會花較多的時間，然而這些時間卻是處在蘇格蘭的山光水色，一片豪邁的平原丘陵景色之中，沿路風景變化萬千，從一路行來，方知正是蘇格蘭這一方土地的巍然樣貌，才造就了蘇格蘭人的氣質，間接也成就了蘇格蘭威士忌的多變樣貌。

接著我們將從低地區往高地區走，一窺蘇格蘭威士忌的風土，跑蘇格蘭一圈，讓每一塊土地說出屬於自己獨一無二的威士忌故事。

從低地區到高地區

從低地的格蘭昆奇酒廠（Glenkinchie）出來要到下一個目的地，屬於高地區的皇家藍勳酒廠（Royal Lochnagar），若開車得要一路向北橫越整個蘇格蘭，在高地區的東北方的皇家藍勳酒廠位於高地區最美的森林之中，是一個遺世獨立的世外桃源。

從蘇格蘭低地區一路向北，景色隨著地形作大幅度的變化，低地區到處都是綠油油的草皮，還有大片的油菜花，幾隻綿羊，幾匹小馬，幾頭披頭散髮的牛，閒散的在草皮上散步，路邊種滿著盛開的櫻花，一派悠閒景色，這些放牧的牛羊，密度之低，讓人懷疑這些動物是拿來商業的價值，還是養好玩的。每個低地區的小鎮都不大，車行入小鎮後，不用三分鐘的車程，就又離開這個小鎮，往下一個目的地駛去。

什麼時候離開低地區（Lowland），什麼時候進入高地區（Highland），從沿途的風光景色就可以很輕易的分辨，當一大片翠綠的草原開始變

色，一路的春天進入了秋天，成片的松樹林取代滿路的櫻花，油菜花變成矮灌木，鄉鎮之間的距離也越來越遠，地形也開始陡峭了起來。高地區的風景較為冷肅，但每到一個新的小鎮，就像又回到了春天。

車行再一路向北，地勢更險峻，又從秋天進入了冬天，車子的行路就像是在山谷間遊走的細長曲蛇，路邊偶爾有幾株落完葉的殘木，下垂的枝椏，看得出每年正式進入冬季，冬雪給樹枝帶來多麼沉重的壓力。光禿禿的碎石地佔據更大的地貌，可憐的小灌木被壓迫到沿著馬路的谷地生長，無怪乎那些躲在山上的鹿，到了晚上會跑下來馬路邊吃草，在蘇格蘭夜半行車可是要注意安全，免得有鹿迎面撞上。

一路上歷經春夏秋冬，四季寒暑，在短短幾個小時的行車之中，就像是從中國的東南沿海平原一下子飆到青康藏高原，好像阿甘正傳中，從春暖花開跑到了冬寒峭拔，但這一路的行程沒有半分的剪接，不小心打了個瞌睡，就換了一個季節。

蒸餾廠都藏在哪裡？

突然從一路的荒涼，出現大片樹林的水源谷地，八九不離十，裡面就藏著一兩家威士忌酒廠，酒廠的釀製過程需要大量的用水，有時氣候轉變，一缺水，今年的威士忌就要停產了。除了市場經濟的因素，酒廠關廠的主要原因，常常都是因為原來充足的水源出了問題。

好不容易到了一大片美麗的深山林中，進入了有人煙的所在，雄偉的城堡在遠遠的林間矗立，原來這一整塊是女王的領地，距離皇家藍勳酒廠已不遠了。整個蘇格蘭只有三家酒廠有資格掛上皇家（Royal）這個字，這可是聖上賜下的恩寵，一家已經關廠，目前僅剩兩家酒廠還在。皇家藍勳酒廠就是其中一家。

一八四八年維多莉亞女王與王夫亞伯特的造訪，造就了皇家藍勳酒廠的皇家徽勳，到目前為止，酒廠仍努力維持這個天大的榮耀，保有其一貫的酒廠風格及特質，這家隱居在深山林中的蒸餾廠，屬於帝亞吉歐集團所有，在整個集團中能力最強的酒廠經理的派駐之下，用最嚴格的蒸餾技法，持續保持著那百年前皇室所喜愛的風味，和那引以為傲的皇室光環。

威士忌的酒廠精神

多年前我所拜訪皇家藍勳的酒廠經理唐納先生（Donald A. Renwick）值得大書特書，滿頭白髮的他是一個充滿智慧的威士忌專家。

對他來說，經營這家蒸餾酒廠最困難的挑戰是，如何達到一家酒廠的原酒本質設定。透過酒汁與銅的對話（Copper conversation），從蒸餾時裝填酒液的容量，蒸餾器休息時打開人孔蓋讓空氣進入，和蟲桶冷凝水溫的控制，來達到對傳統風味的堅持和致敬。又在尊重原酒的基本風味之下，如何選擇合適的橡木桶，進行適當的陳年，來彰顯一家酒廠獨到的風味。

為了達成目的，所有威士忌製作過程細部的微調變得十分重要，一家酒廠要有自己的風骨，不是透過強化加重泥煤味，或是增加酒汁的濃郁度便是好酒，每家酒廠的精神便是透過風味紀錄了歷史點滴的美麗傳承。相對來說，每一家酒廠精神不同所生產不同風味的威士忌，就像是你生產梨子，他生產鳳梨，我生產芭樂，只有個人喜不喜歡的比較，沒有好與不好的對錯問題。

皇家藍勳酒廠所生產的威士忌有一股特殊的青草味，只有在製作的過程中長時間發酵（八十至一百二十小時）才能拿到青草味，為了維持皇家藍勳的青草味（Green grass）傳統，酒廠不惜每週停工三天，讓所有的製程等候發酵的變化，原來這就叫做酒廠精神呢！

傳統的蘇格蘭晚餐

蘇格蘭的酒廠之旅除了一定要品嚐不同的威士忌之外，蘇格蘭最有名的名菜——羊雜碎布丁（Haggis）更是非試不可，沒試過這道菜，不能跟別人說你來過蘇格蘭。這道把羊雜碎加洋蔥加大麥再裝進羊胃袋中的 Haggis 原始模樣，就像是一個巨型的短香腸，正式的吃法需要由一位風笛手一路吹著風笛帶頭，引領端著放在銀盤上的 Haggis 的女侍，沿著正式餐桌繞一圈，最後停在桌前頭，不管大家如何的饑腸轆轆，一定要等風笛手詩興大發，吟唱起蘇格蘭國民詩人羅伯特．伯恩斯（Robert Burns）的詩，讚美這道菜的可口是天下第一美味，手中還揮舞著原來插在腿腹襪上的那把短劍，像是醉酒於美麗詩篇般的搖頭晃腦著，在詩的沉吟之處，聲音漸緩之時，吟唱者突然爆起，把短劍刺進 Haggis 之中，並用力的劃了幾刀，作為詩的結尾。如此才能開始享用 Haggis 的美味。

那個肚子被刺穿的 Haggis 被運了出去，幾分鐘後再放在盤子上送進來，完全變了一個樣子，是一份精心擺盤的美食。

有人常問到底 Haggis 好吃嗎？嗯～該怎麼說，這麼說好了，如果我是蘇格蘭人，這肯定是份精緻的美食，但是對於一個東方人而言，尤其習慣了中式菜餚的美味和大江南北的豐富美食。那羅伯特．伯恩斯的詩是寫得不錯，但是對食物的品味就有待琢磨了。哈！

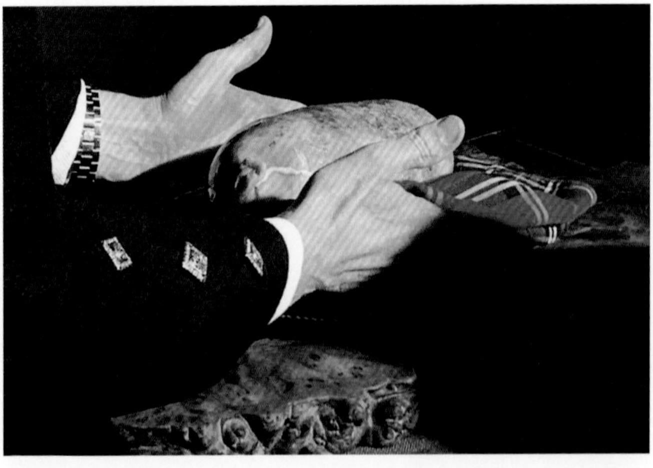

從高地區到斯貝區

位於蘇格蘭東北方的斯貝區，其實在地理位置上也屬於高地區的一部分，但是這裡流過一條美麗的河流，叫做斯貝河（River Spey），是全蘇格蘭最長的一條河流。它不只灌溉了這塊土地的豐饒，威士忌產業的歷史也是跟著這條河的流域發展，一路的展延出去。從過去一直到現在，斯貝區仍然是威士忌生產的心臟地帶，沿著河走，這塊土地仍然集中了全蘇格蘭最多的威士忌酒廠，有極其古老的歷史傳承，這裡所做出來的威士忌，代表蘇格蘭威士忌最核心價值的氣味。

來斯貝區旅行最大的好處就是隔了三兩步就有一家酒廠，酒廠密度之高，簡直是愛酒人的天堂，逛威士忌酒廠不需奔波勞累。找一家有傳統蘇格蘭味道的老旅館住下來，請飯店的工作人員幫您預訂酒廠參觀時間，踩著悠閒的步伐，輕輕鬆鬆，連每一天的英式下午茶都不會錯過的情況下，住上一個星期，就可以參觀十幾二十家的威士忌酒廠，享盡品嚐各式威士忌風味的幸福。

最古老的合法蒸餾廠

兩百年以前的蘇格蘭威士忌不是我們想像的樣子，它不過是一群農夫用簡陋的設備蒸餾一些透明的烈酒，分享給周遭親朋好友享用而已，而政府覺得這樣的行為應該抽稅，讓這些製酒的農夫就開始跟政府的查稅官員玩起捉迷藏，一不小心將透明的烈酒放進了橡木桶之中躲藏，一藏藏出了名堂，就讓威士忌美麗的琥珀色從此傾倒眾生。那就是歷史上所謂的私酒年代，背景就發生在斯貝區。

在斯貝區有一家不得不提的酒廠，那就是位於斯貝河支流，利威河流域的一塊高原上，這塊高原曾經就是私酒製作者的大本營，也是在一八二四年拿到全蘇格蘭第一家合法的蒸餾廠執照：格蘭利威酒廠（The Glenlivet），這是一個難能可貴的歷史腳步。然而，為什麼格蘭利威願意在所有非法釀造的群雄環伺之下，跳出來成為第一也成為所有非法製酒者覬覦的目標呢？

DALMORE

國王的夢幻逸品

早在一八〇〇年代格蘭利威就是非法的烈酒交易市場中炙手可熱的珍釀，在當時全蘇格蘭有兩千至三千家的私酒蒸餾所，這家蒸餾廠所製作的出色威士忌，就是當時在黑市當中的夢幻逸品，其夢幻的程度連英格蘭的國王喬治四世都忍不住，多次暗地微服出巡，在陰暗的黑市小酒吧裡，找尋珍釀。就像是中國乾隆皇帝一樣，只不過一位為了美酒，一位為了美人。喬治四世最後終於受不了，想盡辦法頒出了蘇格蘭歷史上的第一張合法執照，為了能光明正大的喝到他心愛的佳釀。

遙想著將自己重回到當時的舊年代，就會發現，這張合法執照是一件吃力不討好的事，除了多繳稅賦之外，那數千家，密度像台北城市裡的便利商店般如此能見度高的私酒廠，全都成了格蘭利威酒廠的敵人了，為此，利威河區的土地領主還特別給了創廠主人喬治史密斯（George Smith）兩把手槍來自衛。雖然辛苦，但是這第一張合法執照也同時標示著，當時格蘭利威超水準的製酒技術，以及最好的品質管控。換言之，在兩百年前威士忌的基本觀念還模糊不清時，就是由它的主人喬治·史密斯訂下了所謂威士忌的標準，他所建立的標準，不是規範，而是當時所有蒸餾者所畢生追求的目標。

建立威士忌的品質標竿

兩百年前，號稱格蘭利威的年代也是蘇格蘭威士忌的初生期，格蘭利威所使用的設備、蒸餾器的型式、威士忌的主要風格，全都是其他人所仿效拷貝的目標，甚至連名字也進行拷貝，數十家的其他蒸餾廠，紛紛將自己的酒廠前面，冠上格蘭利威這個頭銜，因為這個名字就是品質的保證。

直到現今，它仍堅持著兩百年前的精神及文化，我認識幾位國際聞名的品酒大師，身邊會隨時準備一瓶格蘭利威十二年，當品嚐其他酒款時，它就是對照組，它就是標竿，它就是威士忌中的威士忌。

無法拷貝的獨一無二

蘇格蘭威士忌酒廠每一家都是獨一無二的，格蘭利威這家最古老的合法蒸餾廠，有什麼特殊性在這個強敵環伺的斯貝區，保持住它兩百年來的榮耀呢？

第一、格蘭利威酒廠位於利威河流域的制高點。某一年十一月我拜訪斯貝區時，凌晨下起了雪，早上要出發時，雪就不再下了，前往酒廠的路途上，沿路只有路旁的雜草上堆著些許的殘雪，而到了位於山丘上的酒廠，卻鋪滿了靄靄的白雪，有部分地方甚至雪深及膝，整座酒廠景色就像是白色的建築及戴了白色帽子的樹林所組成。

相較於其他斯貝區酒廠，它的氣候環境更加低溫，讓威士忌的發酵，蒸餾，以及熟成，有更豐富細緻的味道。除了擁有斯貝區威士忌美好的飽滿性格，更增加了緩慢熟成的細緻美麗。

第二、格蘭利威擁有獨一無二的水源地：潔西湧泉（Josie's Well）。這個從創廠以來一直堅持的泉水來源，是一個相當特別的存在。這口泉水有異於一般威士忌蒸餾廠的水硬度，是相當高程度的硬水，與其他蒸餾廠偏軟的水質有很大的差異性，為什麼一般的蒸餾廠的水質較軟呢？

水質較軟，代表水中的礦物質含量比例較低，因為礦物質在蒸餾的過程中，會與銅製的蒸餾器內壁發生作用，形成鍋垢，黏附在蒸餾器的內壁表面，對於熱傳導，以及蒸餾器的壽命有很大的影響，所以用軟一些的水質可以節省大量更換蒸餾器的費用，這是一般蒸餾廠的思維方式。這家酒廠則不是這樣的想法。使用硬水會讓它的蒸餾器的壽命短，大約是其他酒廠的三分之一至二分之一。換言之，蒸餾器成本至少比別人多了一倍。

為什麼要多耗費如此巨大的成本呢？

擇善固執的蘇格蘭人，堅信在發酵中硬水所造成的花香，堅信在糖化的過程硬水保留更多的麥芽香甜，堅信蒸餾的過程硬水為原酒帶來更多豐富的化學變化。因為硬水所造成的成本負擔，是必須的，也是品質的堅持。

進入全新的二十一世紀，蘇格蘭威士忌仍是世界威士忌的標準，這份的榮耀應該來自蘇格蘭人背後那一份的堅持吧。

探訪尼斯湖水怪

在蘇格蘭北方最重要的城市因佛尼斯（Inverness），就座落在尼斯湖延伸的尼斯河旁，尼斯湖叫做 Loch Ness，「Loch」在蘇格蘭文字的意思就是「湖」。尼斯湖也是全英國最大的淡水湖。說它是湖，因為它極為狹長，長度約三十六公里，它的寬度最闊處也不過兩公里，所以看起來比較像一條超大型的水溝，不過好處是在湖上行船，因為它的狹長，兩岸美景盡收眼底。

坐上了遊湖的小船，期待自己是那個可以看到尼斯湖水怪的幸運兒，在船上負責招待遊客的是一位從法國來這裡工作的年輕法國小姐，名叫瑪麗，因為人少，我就與她攀談了起來，問她到底有沒有見過那隻水怪？她說我運氣很好，這班次船行駛時湖面算是平靜，上一個班次水面起伏很大，船上下顛簸得厲害，一整船的人看起來都是一副想吐的樣子。她在湖上工作了幾年，從沒見過什麼水怪。她認為因為尼斯湖水流經充滿礦物質的土地，清澈而乾淨的湖水，卻常年保持紫黑的水色，當湖面波浪起伏

很大時，黑色的湖面看起來就像是水怪身體的弧度。

尼斯湖的黑水波瀾的確令人印象深刻。

遊船到達目的地是一座古堡，下船前下了一場十分鐘的小雨，雨停後馬上就出了大太陽，在遊客的一陣驚呼聲中，天邊出現一道美麗的彩虹，原來下雨是為了讓我看見幸福的彩虹，尼斯湖如此盛大的歡迎，是不是有看見水怪就沒那麼重要了。

岸邊的這座古堡叫作烏哈城堡（Urquhart Castle），這座已經傾頹的城堡建立於西元前五百八十年，也就是大約釋迦牟尼佛創建佛教的那個時候，這座古老的建築保存良好，故仍可窺見當時住民生活起居的種種細節。古堡的歷史並不浪漫，這是一座保護族裔生存為目地而建立的城堡，古堡的歷史就是永無休止的戰爭。城堡外一座高聳的「巨石高射砲」，可以想像當時的蘇格蘭人民是如何奮力死守他們的家園。

這樣堅毅的性格，在歷史的流轉之中，會不會透過蘇格蘭人的手，寫進了威士忌裡了？

從斯貝區到斯凱島

從斯貝區經因佛尼斯向蘇格蘭西北方的斯凱島（Isle of Skye）前進，一路要跨越一座連著一座的山丘，那一波連著一波的山勢，不是一大片人工培養種植的松林地，就都是光禿禿的不毛之地。蘇格蘭地形的特質，山都不是很高，所以沒有那種高聳入雲霄的感覺，但那一大片的高地荒原的景象，總帶給人那質樸壯闊的蒼涼美感。

斯凱島與蘇格蘭本島的交通並不十分方便，唯一連通之處是一座跨海大橋，這座從高空看起來像迴力鏢的跨海大橋，把兩個島手牽手的連在一起了。蘇格蘭的小島都有一個很大的特徵，它們沒有過多工業化人車的喧囂，也沒有過份林林鬱鬱阻擋視野，卻提供了足夠的開闊空間，讓動物們馳騁，因此小島美麗而視野開闊的風景，是跑步健行者的最愛，是觀賞野鳥生態的最愛，斯凱島當然不例外。島上還有一家威士忌蒸餾廠是老饕們心目中的極品：泰斯卡（Talisker）。

從本島進斯凱島還要再繞小半圈才會到島另一邊的威士忌蒸餾廠，迎著海風的泰斯卡酒廠四周都是白牆的建築物，傍著酒廠的小鎮，用普魯士藍和象牙白把每一家妝點得像是蘇格蘭的希臘印象。

那一年去泰斯卡酒廠遇見一位溫文儒雅長得像英國著名樂團比吉斯（Bee Gees）樂團老大的湯姆（Tom），當時他是國際烈酒公司帝亞吉歐（Diageo）的全球品牌大使，才剛從帝亞吉歐的調酒師轉任，能由他親自導覽酒廠真是幸運。他說過去擔任調酒師的時候總是覺得不自由，帝亞吉歐這家全球最大的烈酒集團只有少數幾位威士忌調酒師，調酒師是集團中最重要的資產，每一個小小的行程都要報備，特別是這幾個人絕對不能搭同一班飛機，假使出了問題，集團全球威士忌的運作就會陷入大危機。這位跑遍全世界，看盡世界所有繁華的湯姆老先生，希望幾年後退休能住到泰斯卡酒廠後方的酒廠經理住宅，那是他心中最完美的退休落腳之處。泰斯卡酒廠前方是海豚會出沒的海灣，後方是一片綠油油的丘陵地，一些認不得的奇花異樹，繁花似錦地把酒廠靠山的後半部都包裹了起來，那酒廠經理住宅就在那繁花似錦之中。

參觀完酒廠如果要再顛簸一次，繞斯凱島半圈，再跨越整個高地區，那真是要人命，所以當我看見酒廠後方的停機坪，停著一架直升機，帶著墨鏡的飛行員，對著我揮手，那參觀完美麗酒廠的心情，更加美麗。不過由泰斯卡酒廠到因佛尼斯機場，短短四十分鐘的飛行時間要價三千英磅，所費不貲。年青幽默的飛行員以傾斜四十五度角同心圓的繞圈起飛，這趟直升機之旅在令人驚嚇的特技飛行中揭開了序幕。

斯凱島多山，主要有 Cuillin Mountains 和 Five Sisters of Kintail，這些在冬季是靄靄白雪的山頭，在四月份的晴空萬里下，卻是野鹿覓食的天堂，在斯凱島鹿都是野生的，可以自由在山間奔跑，不過直昇機駕駛說，每年他們都會被政府聘請來山上用目測，數一數山上共有多少鹿，如果繁衍得太多，會造成生態的不平衡，就會適度地獵殺牠們。直昇機特地飛低略過鹿的棲地，讓野鹿四處奔跑起來，才能將牠們與地表的顏色區分開來，才容易用肉眼看得更清楚。坐在直昇機上，覺得像是緩緩地前進，因為飛行高度很高，所有東西離得遠，動起來感覺就很慢，每當低空越過一個山頭，或是靠近地表來逐鹿時，窗戶兩旁移動的風景，霎時就會快得讓人喘不過氣來。

穿越了高山丘陵區，又見到了像迴力鏢的跨海大橋，就知道離開斯凱島了，接著沿海岸飛行回到了因佛尼斯。

從蘇格蘭北方小島到西南高地

結束了蘇格蘭北方斯凱島的參觀，沿著蘇格蘭西部蜿蜒的公路，到達西南高地的一個小海港城鎮，這個城鎮叫做歐本（Oban），在鎮中心也有一家酒廠，蒸餾廠名字就跟鎮名一樣，都叫做歐本。來這個鎮的目的是為了搭船到下一個目的地，是一個島，叫做莫爾島（Mull），裡面有唯一的一家蒸餾廠叫托伯墨瑞（Tobermory），我們搭的大型船是可以讓汽車駛進去，車跟著人一同到島上。

歐本是一個美麗的海港，依山傍水，小歸小，卻充滿了各式的古老建築，許多新鮮的魚貨，就在碼頭旁的海鮮店叫賣了起來，看到一隻隻像橄欖球般大的螃蟹，一隻才六塊錢英鎊，實在令人心動，可惜船很快就要開了，只能夠望蟹興嘆。

歐本蒸餾廠是難得少數活下來在西部高地區的酒廠，再加上就在海港旁，因此製作出來的酒，同時具有高地區的特色，也具有海風的特質。是一支非常有特色的威士忌，可惜它以單一麥芽威士忌流通的數量較少。來到了這座城市，更加為這個城市的美麗所吸引，為了這個美麗的海港，歐本單一麥芽威士忌是一定要加分的啦！

在等候接駁船啟航的時候，一隻不怕生的燕鷗一直跟著我，在微雨的天氣中，也不離開，本想找些食物給牠，沒想到錢包放車上沒有帶下來，什麼也不能買，乾淨的海港，沒有什麼東西可以從地上撿拾給牠吃。望著牠，突然想到，原來牠是來歡迎我這位不同膚色的異國旅客，用牠不怕陌生人的熱情，向我展現這個城市的親切。

圖畫般的莫爾島

上了前往莫爾島的接駁船，一路在雨絲當中前進。在船上用了重鹹的傳統蘇格蘭簡單午餐，或許人們喝多了高酒精度的威士忌，一般簡式的蘇格蘭食物，鹹度比重高了許多。路程約一個小時，就到達了目的地：莫爾島。

早在多年以前，就看過介紹過莫爾島的旅遊資訊，那在港灣旁一字排開色彩鮮豔繽紛美麗的老房子，就是莫爾島的招牌圖片，遠遠地接近莫爾島的港口，就看到這豔麗的招牌景色，即使在雨濛濛的天氣之中，也完全不掩其建築物的艷色。據說很早以前這裡是船隻的避風港，在蘇格蘭西海岸捕魚的漁夫們，遇到過強的風浪，都會進來這個溫馨的小港灣躲避一下風浪，因此岸上這一排建築物，過去都是一間間的酒吧，漁民們在此避雨喝酒度日。也因此托伯墨瑞這家酒廠應運而生。

沿著海港散步，完全聞不到海水的鹹濕味，或許是風向，或許是地勢，空氣乾淨的聞不到海水的味道，令人十分驚奇。美麗的景色，溫暖而潮濕的空氣，加上一家小小的威士忌酒廠，可以想見此處在過去的歷史，長時間成功地扮演避風塘的溫柔鄉。

托伯墨瑞酒廠就在抵達莫爾島的海港旁，這是一家非常袖珍型的酒廠，四周風景如畫，美不勝收。酒廠的前面有一棟矮房子，就是酒廠經理的宿舍，參觀時，負責帶領我們參觀的女士，是酒廠經理的老婆，前任酒廠經理是現任酒廠經理的父親。這一家人活在酒廠，並且在酒廠活了數代，都為了威士忌投注了一輩子的心力。

威士忌的價值在於記錄了風土

托伯墨瑞這一家酒廠有相當老舊的設備，換言之，你在這裡可以看到一百年前威士忌是如何被製作出來的，沒有電腦設備，沒有高科技製程控制，一切都是在只有六個員工輪班的手工測量，以及用家族傳承般的努力，將過去釀製威士忌的技巧，口耳相傳下來。

位在莫爾島港口海邊不到一百公尺的酒廠，依照地理位置猜想，本應該有海風呼嘯而過所造成的海風味，灌注進威士忌陳年的橡木桶之中，試喝托伯墨瑞威士忌之後，卻不盡如此，它比較接近高地區的厚實，也多了一股手工製作的青草味及濃郁的麥芽味。為什麼呢？難道季風到了莫爾島，個性就軟弱了下來？

沒錯，正如同之前所說，這個海港是個避風塘，站在海邊根本聞不到任何鹹濕的味道，這個由大自然所造化的環境，因此也讓托伯墨瑞威士忌聞不到期望中的海水味，這樣特殊的風土，對於以海島威士忌來期望它味道展現的人，或許有些失望，但是這明明白白呈現風土特質的氣味，才是威士忌應該有的本質。也是威士忌迷人的所在。

不遠千里的歸鄉路

那次參觀托伯墨瑞酒廠時，酒廠剛發行一瓶陳年15年的限量酒，這支酒特別之處在於換桶陳年。由於酒廠實在太小，沒有太多地方可以容納大量的橡木桶，因此大部分的威士忌橡木桶都運送到蘇格蘭本島的大型儲酒倉庫集中管理。

但是蘇格蘭威士忌總是會懷念土地的氣味，這瓶托伯墨瑞15年原本儲放在本島的波本桶當中，在最後兩年換桶至雪莉桶當中儲存，酒廠在這最後兩年的熟成，不遠千里將橡木桶運回莫爾島，特別準備了一處酒窖，讓威士忌重新回到島上，好好的呼吸故鄉的味道。

原來思鄉這件事除了人，威士忌也有。酒廠經理用自己的心情體會威士忌的心情，令人感動，當下喝第一口酒的時候，彷彿聽到了威士忌發出淡淡的鄉愁。

前往威士忌老饕的聖地

接著下一站是艾雷島（Islay），艾雷島號稱威士忌老饕的聖地。為什麼？因為這個小小的島共有九家酒廠，幾乎每一家都是萬中選一的知名酒廠。更重要的是，這裡的酒廠，生產迥異於蘇格蘭本島獨特的泥煤炭味威士忌。

所謂的泥煤炭味威士忌，應用來自蘇格蘭土地上天然的泥煤（煤炭的前身），拿來燻烤麥芽，麥芽經過燻烤增加了泥煤的氣味，便隨著威士忌的製作，進入酒裡，形成屬於這塊土地極其特殊風味的威士忌。

艾雷島的溫馨飛行

飛機前往艾雷島一天只有一架小飛機航班，還會視天氣狀況停飛，只有住了三千多人口的小島，能期望有多少班次的飛機往返呢？因此所有搭飛機前往艾雷島的人，都要從格拉斯哥出發，搭上一天只有一班行程的螺旋槳小飛機，前往艾雷島。看著左邊的螺旋槳慢慢開始轉動，右邊那只毫無動靜，心想不會吧，這飛機可以飛嗎？直到要起飛時，右邊的螺旋槳才開始動了起來。原來是我這個沒坐過小飛機的鄉巴佬大驚小怪。

飛機上八〇%都是老太太老先生，每一個飛機上的人都彼此認識，彼此互相寒暄，這架飛機像是島民活動中心的空中小咖啡廳，身為一個觀光客，這樣的感覺奇妙而有趣。美麗的空中小姐應該是個新手，才會被派來這樣的班機服務，整架飛機只有一位機師和那位可憐的空姐，為什麼可憐？因為那位年輕貌美的空服員，除了正常的工作外，她都需要一個人用她雙手的臂力把笨重的樓梯門拉上拉下，才能讓飛機起降。所以這個航線應該是菜鳥的服役航線吧。不過，

也是從這裡就開始感受到家的溫暖了。

一個小時左右的行程就到了艾雷島，這是個小到不能再小的機場，一出機場，早就有人在機場外等著迎上熱情的擁抱和招呼，這位熱情如火的女士名叫克莉絲汀（Christine Logan），人稱 Lady of the Isles。介紹我與她認識的是我女兒的乾爹國際威士忌大師查爾斯．麥克林（Charles MacLean）稱她是艾雷島的女王。早在一個星期前只有一通電話的寒暄，沒想到二話不說，一出機場就在外相迎，甚是感動。她把我接到我們在艾雷島的落腳處──波特艾倫（Port Ellen）小鎮，並約好明天開車來接我進行行程緊湊的酒廠之旅。

住的地方在波特艾倫港口的旁邊，超過百年歷史的美麗建築，裝潢成只供應兩個房間民宿的 B&B，前方是有著港灣的沙灘，後方也是另一個美麗沙灘，沙灘過去就是舊的波特艾倫蒸餾廠，附近有三個酒廠樂加維林（Lagavulin）、雅柏（Ardbeg）、拉佛格（Laphroaig），信步而行就可以到達。比起這個島的首府波摩（Bowmore）的熱鬧方便，波特艾倫港邊小鎮除了有一份靜謐的美外，更適合成為艾雷島威士忌旅行的出發基地。

艾雷島的第八家酒廠

艾雷島原來只有七家酒廠，二〇〇五年增加了第八家齊侯門（Kilchoman）曾經是艾雷島最年輕的蒸餾廠。和全蘇格蘭最小的蒸餾廠艾瓜多爾（Edradour）一樣的蒸餾器尺寸，並列全蘇格蘭最小的蒸餾廠之一。我在參觀時，一群德國人興致盎然的穿梭其間，聽說德國的一位品酒大師，對它們的原酒讚賞有加，鼓動了一堆的德國威士忌饕客前來參觀，我到酒廠參觀時，華人還沒人來過，當然日本人早就捷足先登了。

為什麼叫做齊侯門呢？原來在艾雷島每一家蒸餾廠都是用地名來為蒸餾廠命名，酒廠所座落的位置就叫做齊侯門，相同的雅柏（Ardbeg），波摩（Bowmore），樂加維林（Lagavulin）……都是一樣，都是以地名來命名威士忌酒廠名。

酒廠主人是一個長得像比爾蓋茲的中年人，原來是專門出口艾雷島的水到全世界的商人，他開玩笑說，因為腦袋一時不清楚，所以就開了這家酒廠。看得出來，全新創立一家新的酒廠，沒有過去的儲酒，沒有過去的技術，需要大筆的資金與無比的耐心，是非常辛苦的。這麼小的酒廠一年生產八百桶，是艾雷島最大的卡爾里拉（Caol Ila）酒廠一星期的產量。當然一家好的蒸餾廠，還要等原酒在橡木桶中熟成五至十年，才能和大家見面。歲月的花費是最大的成本。

二〇〇五年九月第一滴的威士忌新酒被蒸餾出來，二〇〇五年十二月第一桶的威士忌新酒才正式入桶，這家小小的農家型酒廠想要釀什麼樣的酒？想說什麼樣的故事呢？

齊侯門採用返古的作法，自己種大麥（艾雷島的酒莊基本上大都不用自己本島的大麥），自己做地板式的發麥芽（全蘇格蘭只剩少數幾家蒸餾廠還在做此老式的作法），

自己用泥煤烘乾，齊侯門約有五〇%的麥芽自己做 30ppm 的泥煤燻烤十二小時，五〇%跟波特艾倫麥芽廠買泥煤度 5ppm 的麥芽。

拿來萃取麥芽汁及發酵的用水，採用軟水以及泥煤水的混合。小小的蒸餾廠也只有小小的設備，糖化槽只有四千公升，四個發酵槽也各只有五千四百公升，做七十個小時的中長時發酵，但是因為蒸餾器實在太小了，所以每次蒸餾，只用到半桶的發酵汁。或許這也是長發酵的理由吧，哈～

蒸餾時取七十四至六十八酒精度的酒心，因為蒸餾器小，五分鐘後就可以取酒心了。酒廠主人很親切的把新酒拿來試，強勁的酒體，與前一天去知名樂加維林酒廠試的新酒，不遑多讓。他說這個酒廠設定的原酒精神，是以果香、花香為主，但仍然會有柔順而圓滑的泥煤味。

在酒廠用過酒廠女主人精心製作的午餐後，離開時，看到沿路一排排用當地石頭砌的石牆，很有歷史的樣子，在路邊抵禦著這個因平原地形而不受拘束放肆的野風，開車載著我的艾雷島女王說，這些石牆沒有用半分水泥來固定，中間留下一些空隙，讓強風可以吹過，而不是硬生生來擋住這不受控的朔風野大，看起來雖然簡陋，但是用上一百年都不是問題。這就是所謂的純正蘇格蘭精神嗎？

盡可能地遵循古法，保有蘇格蘭傳統的小農莊製酒法，以手工灌輸人文的精神，進入威士忌的靈魂。齊侯門酒廠就是要像這些蘇格蘭當地的古老石牆，不用水泥，在風中屹立不搖站上一百年嗎？

從蘇格蘭回來台灣

台灣這塊土地所生產的威士忌每年不斷在世界各大威士忌賽事中贏得桂冠，不管是威士忌老饕，或者一般威士忌消費者，還是平常很少喝威士忌的人，都紛紛加入了討論。台灣威士忌頻頻得獎的事情，已經不只是討論威士忌好不好喝而已了，更多人開始思索，在一塊炎熱的土地上製作威士忌，快速熟成的可能性，這樣的想法，顛覆了過去我們以為理所當然的觀念。

也因為這件事，有許多人特地跑來問我，有人懷疑的問：「這威士忌真的是在台灣做的嗎？」有些人問：「台灣的威士忌跟蘇格蘭的威士忌比較起來如何？」更有人悲觀的問：「台灣做的威士忌道地嗎？能喝嗎？」在大家普遍懷抱著疑問的同時，國際媒體卻毫不猶豫的大篇幅讚賞起噶瑪蘭酒廠，以及南投酒廠，並盛讚台灣將成為威士忌另一個重要的新興產區。

同樣受著這塊亞熱帶島嶼環境照拂下的噶瑪蘭酒廠和南投酒廠，雖然有著相似的環境，兩家酒廠的風味卻截然不同。南投酒廠用著小型的蒸餾器製作出豐富飽滿氣味的新酒，噶瑪蘭則使用較大的中型蒸餾器做出優雅平衡的新酒。噶瑪蘭威士忌受到橡木桶影響的風味更重，雪莉桶威士忌是充沛的葡萄乾、巧克力、黑棗、木質調，而波本桶威士忌是十足的奶香、杏仁、香草冰淇淋的味道；反過來，南投酒廠厚實的新酒與橡木桶的平衡，卻跑出了特殊的茶香，相對地橡木桶的影響比較小。

兩種台灣威士忌所擁有不同的美麗我都很喜歡，這讓我想起蘇格蘭威士忌的美麗，一樣因為環境、氣溫、製酒工序細微的差異，而風味也不同。或許，未來國際上威士忌

KA
VA
LAN
WHISKY

KING CAR
2010

愛好者們為了了解這些威士忌細微的事物，開始認真研究台灣的風土。於是乎，我們用威士忌把這塊土地行銷到全世界去了。

許多喜歡喝威士忌的人從來沒去過威士忌酒廠，因此許多威士忌的重要身世之謎就難以理解，不是每個人都能像我一樣，每年跑蘇格蘭，這些年算都算不出來，不知道整個蘇格蘭到底跑了幾圈。如今住台灣的人，想了解威士忌迷人的秘密？到宜蘭員山，或跑一趟南投，輕鬆就可以一窺威士忌的堂奧了。

令人感動的味道

我在二〇〇八年首次參觀噶瑪蘭蒸餾廠，一路上宜蘭好山好水，風光明媚。不過在酒廠參觀時試了三款酒，一款剛蒸餾出來的透明新酒（New Spirit），一款是陳年在初次裝填波本桶中一年半的原酒，最後一款是陳年在二次裝填波本桶中一年半的原酒，當時喝到噶瑪蘭威士忌在這麼短時間熟成後的美麗，就讓人十分驚豔，對台灣威士忌的未來充滿期待。

第一口新酒喝下去，令人感動的味道，感動到說不出話來，這樣美麗的新酒風味就像是我在蘇格蘭百年酒廠之中所喝到的，也像是我在日本酒廠中，那些兢兢業業的日本技師所創造出來的美好日本威士忌中，一樣的味道。如今在宜蘭，也可以品嚐到相同的感動。

這樣令人感動的味道是如何在這塊土地上被製造出來？

突破法規的重重限制

開一家威士忌酒廠要有做百年事業的心，以及面對各式不合宜法令條文的應變，我們能幸運喝到的每一滴台灣威士忌，背後一定是有強大的努力和堅持以及令人敬佩的毅力。

蓋在台灣這塊土地的酒廠，為什麼不能像蘇格蘭蓋在風光明媚的山上或海邊，或者是找一座高山上有像蘇格蘭一般涼爽天氣的環境去蓋呢？

答案是陳舊的法令規定，製酒事業是工業，酒廠一定要設置在工業區之中。如果要像蘇格蘭一樣，哪裡有好山好酒就有威士忌酒廠，或是像日本一樣，將威士忌酒廠蓋在乾淨自然的國家森林公園之中，是不可能的。酒廠被規定一定要座落在規劃的工業區裡，所以在台灣做威士忌，只能祈求在工業區裡有好風水了。

找到自己獨一無二的風土特質

因此台灣酒廠的製酒團隊針對法規限制做出不得不的製程調整，並從其中找到屬於這塊土地所造就獨一無二的特質。很明顯地，緯度不同，氣候平均溫度較高，威士忌在橡木桶之中的熟成也較為迅速。這座島就像是個熱情的母親，所以

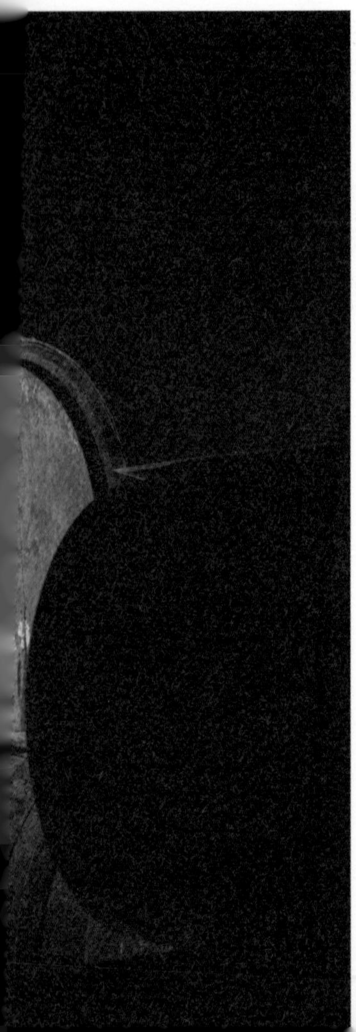

蒸餾廠裡一桶桶像小孩般熟睡的威士忌，特別容易早熟。亞熱帶氣候，讓在橡木桶中熟成三年的威士忌，相似於蘇格蘭威士忌十至十二年的熟成，一年也有高達六%至八%的天使分享（Angel's Share），非常驚人。

如果沒有用任何偏見來喝台灣生產的威士忌，就會發現它的香氣比蘇格蘭威士忌更濃郁而奔放，南投酒廠的波本桶熟成威士忌有漂亮的文山包種茶的香氣，雪莉桶熟成威士忌有頂級的高山烏龍的茶香，太迷人了。快速熟成所產生屬於這塊土地在地的香氣，雖然沒有像蘇格蘭威士忌因為環境低溫熟成與橡木桶長時間的交互作用，然而所產生的圓潤度以及複雜性和細緻的感覺，一點也不遜於蘇格蘭的威士忌酒廠，是值得讓人驕傲的表現。

威士忌是心胸寬大的，所以威士忌與威士忌之間，它們通常強調的不是自己比別人好，而是自己與別人不一樣。在台灣的酒廠，我喝出了快速熟成風土的熱情，也喝出了酒廠工作人員專注投入的感動。試試看，不用飛一趟蘇格蘭，這裡就可以有威士忌的深度旅行喔。

大放異彩的日本威士忌

二〇〇八年四月二十七日在威士忌界最為權威的威士忌雜誌（Whisky Magazine）公佈年度的威士忌評鑑，其中年度最佳單一麥芽威士忌：余市１９８７ 20年，年度最佳調和威士忌：響30年。這兩個獎項都被日本威士忌拿走，對蘇格蘭人來說，這是個超級震撼彈。這是蘇格蘭歷史以來首度丟掉最佳單一麥芽的獎項，也是首度兩個最大獎，都被別人拿走了。

日本威士忌獲得國際大獎的消息不只震撼了蘇格蘭人，也讓全世界對於日本威士忌有著先入為主偏見的老饕，大大地跌破了眼鏡。不得不放下蘇格蘭威士忌是唯一王道的身段，重新認識這塊土地的人們，用威士忌說什麼樣的故事？

要談日本產區的威士忌一定要先認識一個人，那就是號稱日本的威士忌教父：竹鶴政孝（Masataka Taketsuru），出生於清酒世家的他，負笈前往蘇格蘭留學，因此愛上了威士忌，連帶著也愛上一位蘇格蘭美女。年紀輕輕的他，帶著妻子回到日本，幫助了三得利（Suntory）的鳥井信治郎建立了全日本第一座威士忌蒸餾廠：山崎蒸餾所（Yamazaki），時年一九二三年。當時山崎威士忌希望走出自己日本的民族特色，與竹鶴政孝堅持蘇格蘭風格的理念不合，於是他離開三得利，到北海道的札幌附近，重新建造了一所全日本最北邊的蒸餾廠：余市蒸餾所（Yoichi），這是一所貫徹真正蘇格蘭風味的蒸餾廠，時年一九三四年。事隔七十五年，沒想到這兩家酒廠同時摘下全世界威士忌評鑑最重要的桂冠。

山崎
サントリー山崎蒸溜所
SUNTORY YAMAZAKI DISTILLERY
当駅より徒歩約10分

日本威士忌的特質

從傳統的技術上來說，日本威士忌很忠實地沿襲了蘇格蘭的製酒技術，從技術到觀念，幾乎完全拷貝了蘇格蘭風格，二次蒸餾的壺式銅製蒸餾器，也都是堅持蘇格蘭的標準，不過日本人的實事求是，讓後來技術上的發展青出於藍，更勝於藍，從而也變化出自己的風格。

因為緯度的關係，除了北海道比較接近蘇格蘭的地理風土，本島的緯度氣溫通常比蘇格蘭來得高，所以在橡木桶中的熟成速度較蘇格蘭來得快，橡木桶對威士忌的影響也比蘇格蘭重。因此一些日本威士忌酒廠會特別著重酒廠地址的選擇，除了水源充足、品質良好外，環境氣溫的變化也是考慮的重點。

相較於蘇格蘭威士忌，日本威士忌酒質的特點是酒體較為乾淨，有較多水果的氣味及甜美，沒有蘇格蘭威士忌留下那麼多的原始作物大麥的氣味。

日本威士忌的公司，不像蘇格蘭的酒廠之間可以彼此換酒，來增加其調和酒的豐富度。酒廠之間彼此是不換酒的，只能仰賴自己原酒的生產。所以酒廠為了讓酒的種類更豐富，就會透過使用不同形狀的蒸餾器、不同泥煤比例的麥芽、酵母的種類、蒸餾器的加熱法、冷凝器的種類、木桶的種類，來變化出更多的樣貌。與蘇格蘭大部分酒廠設定單一酒廠新酒特色的情況，完全不同。也因此，日本單一家酒廠對於技術的精研，以及威士忌風味變化的豐富，是無與倫比的。所以認識一家日本酒廠，會比認識一家蘇格蘭酒廠複雜些。

威士忌的新時代

我在日本酒廠的旅行，見了山崎蒸餾廠的靈魂人物—前首席調酒師輿水精一（Seiichi Koshimizu）先生，在輿水先生的努力之下，山崎威士忌這些年在國際烈酒大賽的評比大放異彩，不管是出廠一個小時之內就迅速銷售一空的山崎50年，還是山崎25年，山崎18年，山崎樽出，或是頂級調和威士忌：響30年，每一隻酒都讓國際的品飲專家跌破眼鏡，讓大家對於來自日本的威士忌刮目相看。特別是國際盲飲（blind tasting）的評比，在沒有先入為主的觀念下，名至實歸的拔得頭籌，更叫老饕們完全不能再忽視日本威士忌的存在了。過去從來不做風味桶的山崎蒸餾所，在輿水先生的實驗下，也在這塊領域上跨出了一步。這位大師不只讓世界看見了日本，也建立了難以超越的典範，更在威士忌的世界畫下大大了的驚嘆號！

在蘇格蘭走了一圈，了解了威士忌的故鄉，再看看一樣來自東方的日本，創造了成功的經驗，也回頭看看自己的故鄉——台灣。不管是蘇格蘭人，還是日本人，除了專注的做好威士忌之外，他們同時都做一件令人深思的事情，就是尊重威士忌裡來自這塊土地的氣味，讓威士忌的精神與土地的精神融合在一起，讓這塊土地的精神，隨著威士忌，行銷到全世界去。

威士忌的製作工序

如果你已經把過去對威士忌的偏見放下，放開胸懷重新認識威士忌，也了解原來從威士忌裡尋找的不是拿來炫耀的價值，而是自己生活的品味及生命的感動，也知道貼近威士忌本質的品飲技巧，更知道蘇格蘭的風土及當地人的豪邁性格原來是深植在威士忌當中的靈魂，那麼是不是可以開始尋找我們生命中有意義的十二瓶威士忌了呢？

別急，別急，我們還沒有談到威士忌當中那些迷人的美麗氣味到底從何而來。威士忌的製作工序就是清楚地記錄了威士忌每一分美味的來源。

我有一個音樂家好友，因為一生著迷於美食的追求，因此得了一個米其林先生的外號，他跟一般坊間的美食專家不同在於，許多網路上的美食專家，著重在於誇張的描述自己對於美食的感受，也許文章中照片拍起來很吸引人，對於食物描述的誇飾很嚇人，但是對於食材的來源、刀工、做法以及廚師創造美味的方式及觀念一竅不通，對於美食的感受多半流於形式上的喜愛，沒能再深入其中三昧。反觀米其林先生對於美食的熱愛，是徹骨徹髓的。

印象最深刻的是，有一次我們一起去吃號稱台北最好的日本料理店，米其林先生一向是不點菜的，他一定坐板前，請主廚隨意上菜，每上一道魚生，我都覺得與眾不同，相當美味。米其林先生問我為什麼這家的魚生好吃？我答不上來。他說對於一家好的日本料理店，食材好、刀工好是基本條件，然而這家的主廚除了功夫好還有觀念，你看這塊坊間也吃的到的魚生食材，他選擇的切割部分，一塊魚肉中展現了兩種不同的魚肉紋理，入口之後，不同紋理的魚肉在口腔當中產生奇妙的豐富口感，得到加乘的感受。

不只威士忌需要熟成，魚肉也要適當的熟成，讓魚肉的纖維產生變化，口感更豐富圓融。他又指著另一道刺鰻魚生，他說這刺鰻魚生是個功夫菜，刺鰻顧名思義多刺，魚生的料理手法是不挑刺的，在下刀時切出來的鰻肉會帶皮，而每一公分的鰻肉下三十六刀，把那些挑不出來的細刺切成三十六段，斷刺不斷皮，過水微燙，就變成很美麗的細鰻花。做得好的入口綿密，沒有刺感，做得不好的，吃起來不順喉，甚至會刺到喉嚨。刀切太深，鰻魚肉就斷掉了，刀切太淺，吃起來感覺皮厚且韌，這小小一塊鰻魚生，每一刀都是功夫。聽完他說的，這一口刺鰻魚生，除了感受到完美綿密的口感，我眼淚差點感動地掉下來。

對威士忌的感動與對美食的感動同出一轍，都是來自工匠們畢生對於細節的追求。

麥芽威士忌的製作流程

威士忌的製造過程可分為下列七大步驟：

一、**發麥**（Malting）

麥芽威士忌的原料是大麥，首先酒廠將大麥（Barley）浸泡在水中使其發芽，待發芽後再將其烘乾，烘乾後的麥芽就是麥芽威士忌製作的原料了。讓大麥發芽的目的是為了將大麥的澱粉轉為糖分，糖分就會在後續的工序中轉為酒精。特別值得一提的是，在所有的威士忌中，蘇格蘭地區所生產的威士忌會使用當地的泥煤（Peat）將發芽過的大麥燻乾，賦予蘇格蘭威士忌一種獨特的風味，這是其他威士忌所沒有的特色。

二、**醣化**（Mashing）

將製作完成的麥芽研磨成粉末狀並放入特製的不銹鋼槽（稱之為醣化槽）中加入攝氏六〇度左右的熱水攪拌，將麥芽裡的糖分萃取至熱水中，一般來說會加入三次的水，每次的溫度都會提高，直到完全將麥芽粉裡的糖分萃取出來，其間所需要的時間約十二個小時。醣化的過程是威士忌製作相當重要的一環，水質和溫度以及時間的控制決定麥芽汁的品質。

三、**發酵**（Fermentation）

將冷卻後的麥芽汁加入酵母菌，在發酵槽（Washback）中進行發酵，由於酵母能將麥芽汁中的糖分轉化成酒精，因此在完成發酵後會產生酒精濃度約七％左右的液體，這液體被稱之為酒醪（Wash），此時的狀態與我們所熟知的啤酒相似，因此也有人稱之為Beer，一般來講在發酵的過程中，蘇格蘭威士忌酒廠最常使用兩種不同品種的酵母來進行發酵，一種稱為蒸餾廠酵母（Distillery Yeast），一種稱為啤酒酵母（Beer Yeast），蒸餾廠酵母主要目的為了酒精的產出量，啤酒酵母則是增加其頂層的香氣，這樣的發酵過程大約二至三天。

四、蒸餾（Distillation）

發酵之後的酒醪有許多複雜的味道，蒸餾的目的就是為了精粹出每一家酒廠最想要呈現的風格。一般蘇格蘭威士忌都會進行二次蒸餾，第一次蒸餾出來時酒精濃度約為二〇％左右，第二次蒸餾後這時的威士忌酒精濃度約在七〇％，並在第二次蒸餾後的酒中去其頭尾，只取中間的酒心（Heart），被取出的酒心就稱之為「新酒」

（New Make or New Spirit），這樣被萃取出的透明液體就是百年前威士忌的原型，古老的蘇格蘭人喝的威士忌是透明的，不是像現在琥珀色的美麗模樣。

每個酒廠在篩選酒心的比例並沒有固定的比例，完全依各酒廠自行決定其所選擇的新酒風格。一些特殊的酒廠甚至會採取三次蒸餾的技術，讓酒的質地更細緻乾淨，然而越多次的蒸餾越難保有其穀物本身發酵後的特質，到底孰是孰非，變成各家酒廠去選擇平衡的智慧了。

五、陳年（Maturing）

蒸餾過後的新酒必須放進橡木桶中經過長時間的熟成，使其吸收更多來自橡木桶的芳香物質，並產生出漂亮的琥珀色，經由橡木桶本身的毛細孔，威士忌亦會與橡木桶所儲存的環境進行呼吸，與在地的地文融合。一般來說在蘇格蘭大多使用波本桶或雪莉桶來進行陳年，裝瓶後在瓶身上也要清楚的標示在橡木桶中陳年的時間。

這些年來蘇格蘭的酒廠越來越有新的思維，採用不同的橡木桶陳年嘗試的新做法，有的使用波特酒桶、馬德拉酒桶、勃根地紅酒桶、哈瓦那蘭姆酒桶……，這樣的做法除了提供不同風格的選擇性外，更讓蘇格蘭地區的威士忌在守舊的傳統中擺脫了陳腐的氣味。

六、調配（Blending）

不是只有調和威士忌需要調配，單一麥芽威士忌也是需要首席調酒師的調配。由於橡木桶是活的，每一只橡木桶都不一樣，放威士忌進行熟成之後的結果，每個桶子裡的威士忌或多或少都擁有不同風貌，因此各家酒廠的首席調酒大師依其經驗調製出與眾不同的威士忌，就看個人的手段如何了。以交響樂團來比喻，不同橡木桶所熟成的威士忌就像樂團中不同的樂手，而首席調酒師就是站在台前的指揮，將每一個人的優點展現出來。也因此各個品牌的調配過程及內容都被視為是絕對的機密，

當然也無法被拷貝。

七、裝瓶（Bottling）

在調配的程序做完後，最後剩下來的就是裝瓶了。裝瓶之前先將調配好的威士忌降溫冷凝，然後過濾掉冷凝之後所產生的懸浮物質，這道程序稱之為冷凝過濾。之後再藉由自動化的裝瓶機器將威士忌按固定的容量分裝至每一瓶中，然後再貼上標籤，即可裝箱出售。時代精神改變，越來越多人希望能品嚐到威士忌原始的風格呈現，冷凝過濾去除雜質的行為，有可能是去除掉部分美好風味的作法。標榜無須冷凝過濾，甚至原桶強度裝瓶的威士忌復古作法，在這波返古精神的反思中，讓老饕們有了更多的選擇性。

世界の五大ウイスキー
The world's five greatest Whiskies
TEACHER'S
Long John

威士忌的五大元素

當我們認識了威士忌的製程，在這些製程之中存在著什麼樣發人深省的細節，是什麼樣的細節讓威士忌的樣貌如此複雜多變，又是哪些細節是工匠們必須窮盡一生之力，才能將百年前的威士忌靈魂，點滴地凝聚起來，將精心雕琢出來的工藝品交給時間，由時間的孕育變化成味覺中獨一無二的藝術品。接著了解這些細節背後的意義是我們下一步要做的事。

我們就從威士忌的五大元素：麥芽、泥煤、水、蒸餾器、橡木桶，來探究威士忌這一生中經歷了哪些形成它人格的要素。

一、麥芽——大麥的種類及老式地板發麥。

二、泥煤——上帝賜給蘇格蘭獨一無二的恩澤。

三、水——水與大自然風土的影響。

四、蒸餾器——數百年來不變的堅持。

五、橡木桶——麥芽酒與時間的對話。

大麥
製造威士忌的大麥

威士忌是用大麥（Barley）讓它發芽後所產生的麥芽（Malt）所製造而成，大麥就是威士忌的最原始原料，到底它長什麼樣子呢？大麥的品種這麼多，哪一些是用來製造威士忌的？有什麼樣的特質是決定做出好的威士忌的先決條件？部分蒸餾廠特別強調他們的麥子品種，是不是用了這樣的麥子當原料，威士忌就特別美味？

就先讓大家一起來辨別一下大麥的品種區分，了解它對威士忌的影響，也破除一些因行銷術語所產生對威士忌大麥的迷思。

一、春麥與冬麥

一般來說蘇格蘭當地大麥一年有兩作，分別是從四月開始生長的春麥，以及九月開始生長的冬麥。因為季節的不同，所選用種植的麥子品種也不同。

春天種植的麥子，有著低蛋白、高澱粉、高糖分、容易發酵出高酒精度的酒汁，適合威士忌的製造使用。

而冬天種植的麥子，恰好相反，有著高蛋白、較低澱粉、較低糖分，適合當作飼養當地的動物飼料所使用。

二、所謂麥子的好壞

麥子沒有好壞的問題，但是要拿來生產威士忌的話，就會有所選擇。由於蘇格蘭法規規定，在發酵時不能額外添加澱粉以及糖分，一切都要仰賴原始大麥內的成分所生產，因此麥子的選擇就很重要。蘇格蘭威士忌產業選擇麥子品種的重要性，並不在於這個品種會不會帶來更豐富的美味，而是在於麥子本身所含澱粉及糖分的比例夠不夠高，能不能生產出更多的酒精。

麥子含有越多澱粉，可以轉化更多糖分，可以發酵出更多酒精，對威士忌來說，它就是好麥子。

三、二稜大麥與六稜大麥

釀製蘇格蘭威士忌幾乎都使用二稜大麥（2 Row Barley），而二稜大麥會選擇在最適合的春天種植，二稜大麥的長像，像是一串鞭炮，一對對雙胞胎併排的長在一起，一路沿著麥桿長上去，每一棵麥子長得十分結實飽滿，比其他品種的麥子大顆，擁有更多的澱粉質。

一般六稜大麥（6 Row Barley）在蘇格蘭都是給動物的飼料用，也會選擇在冬天種植，讓麥子含有更多的蛋白質，給動物有更多的營養需求，它的長相像是一根細長的玉米，每一層有六棵麥子環繞長在一起，相對來說，每一棵麥子就比二稜大麥小的許多，一眼就可以分辨出來。

在釀造過程不添加穀物本身之外的添加物，是蘇格蘭人的堅持，也是這個理由，讓他們每年都在持續研發出更好的麥子，七〇年代最好的品種是黃金諾言大麥（Golden Promise），擁有最多的澱粉質，現在不流行了。後來流行起了Optic的大麥品種，理由呢？很簡單，因為它能提供給製酒更多的澱粉質。

同時，檢查酒廠是否有偷偷添加糖分或澱粉，來增加酒精的生產量，是當地稅務員的工作。著名的蘇格蘭詩人羅伯特．伯恩斯（Robert Burns）曾經就是一位查緝酒廠的稅務員，也正因為如此，他有幸因職務之便，周遊每一家蒸餾廠，喝遍每一家酒廠，無怪乎，他能寫下傳誦千古讚美威士忌的名詩。

麥芽
老式技藝的堅持

威士忌酒廠的介紹，有時候會強調酒廠仍保存著舊式的傳統，地板發麥就是其中之一，目前在全蘇格蘭一百四十家的蒸餾廠，只剩下少數幾家酒廠還擁有著地板發麥的傳統，它到底是什麼樣的古老技法呢？與新的專業發麥廠所作的麥芽到底孰優孰劣呢？

目前仍保有地板發麥的蘇格蘭老酒廠有波摩（Bowmore），拉佛格（Laphroaig），百富（Balvenie），高原騎士（Highland Park）這四家仍然作部分的地板發麥，雲頂（Springbank）酒廠仍主要以地板發麥的產量來決定其原酒的生產量，再加上艾雷島那家新開的農莊式小蒸餾廠：齊侯門（Kilchoman），這個已經式微的技藝，還死命地與現代化的便利持續搏鬥。

發麥的過程指的是讓大麥→泡水→長芽→烘乾→麥芽。也是讓大麥中的澱粉在成為麥芽的過程中轉化為糖，有利於發酵過程的進行。在七〇年代以前，許多的蒸餾廠仍保有自身發麥的傳統，而老式的發麥就在一整層的水泥板或石版的樓面上進行，通常需要很大的空間來運用。將大麥浸泡二至三天在當地水源的水中，讓麥內的酵素開始啟動，準備開始發芽，讓酵素來轉化澱粉。接著把泡濕的大麥平鋪在地板上，讓它自然發芽，發芽地板的樓層通風非常重要，因為在發芽的同時，大麥也會釋出熱氣，需有足夠的窗戶，適當地用鏟翻動以及犁動，能讓熱氣發散出來，並讓底層的大麥保持與空氣的接觸，使得麥芽可以均勻地生長。

隨著季節的氣溫不同，地板發麥的時間約為五至十天，最後麥芽長出約整個大麥四分之三的長度時，就是準備用烘烤讓它停止再成長的時候了。這時其糖分及澱粉的比例最適合來作為發酵使用。

除了將發好的麥芽燻乾這個用途，另一項烘烤時最重要的事，就是加入泥煤，透過泥煤的煙燻，把一些特殊的酚類增加進麥芽之中。加入泥煤這項特別燻烤的技術，也造就了蘇格蘭特殊的屬地風格。

地板發麥

高難度的地板發麥

威士忌原酒的製作，主要材料成本有麥芽、水、酵母、燃料，其中麥芽是所有原料裡成本最高的，佔了三分之二，而地板發麥的技巧性非常高，需要專精的工人，隨著氣候的變化，甚至以一天內溫度的變化來做微調，甚至有時候夏天還要擔心發霉而停止生產。烘麥時火候的控制也很重要，讓火力與煙燻要有適當的配合，一不小

心，這個釀酒最主要的成本就會報廢了。專業的現代化發麥廠將所有數據電腦化，並且隔絕了天候這個可怕的變因，一年四季都可以很精準地製作出一致水平的麥芽。

除了氣候變因，地板發麥也佔去了酒廠過多的空間，一家要從事地板發麥的酒廠，需要有穀物儲存所、大麥浸泡槽、發芽地板、煙燻的窯爐，還有泥煤的儲存所，這麼多的空間佔用卻沒有足夠的經濟效益。現在多數酒廠從外面購進麥芽，把原來發麥的閒置空間，拿來充作遊客中心，或是陳年橡木桶酒窖，或是增購蒸餾設備，更能發揮經濟效益。

地板發麥成本遠高於專業發麥廠所提供的麥芽。地板發麥的過程需耗費大量的人力，一天二十四小時隨時皆需照料，有時每隔四個鐘頭就要翻一次大麥，全都是人工操作，機器是幫不上忙的，工人又需要有長時間經驗的累積，才能夠有完美的判斷。人力培養困難、成本又高。既然如此那些酒廠為何還堅持地板發麥呢？

你覺得一瓶威士忌最有價值的部份是因為好喝嗎？如果答案是這樣，那麼一瓶一萬元的酒，

就應該要有一瓶一千元的酒的十倍美味喔？

威士忌的美好應該是它記錄了歷史，記錄了風土，記錄了人文，它與大自然的呼吸律動共鳴，並且在製酒的過程中，將其記錄了下來，而人們透過品嚐美酒的過程，和自然的律動對話。

地板發麥就是不以經濟利益作考量，讓大自然的惡作劇或是好脾氣，展現在與製酒者的互動之中，像樹木的年輪般，刻劃了四季寒暑的變化。

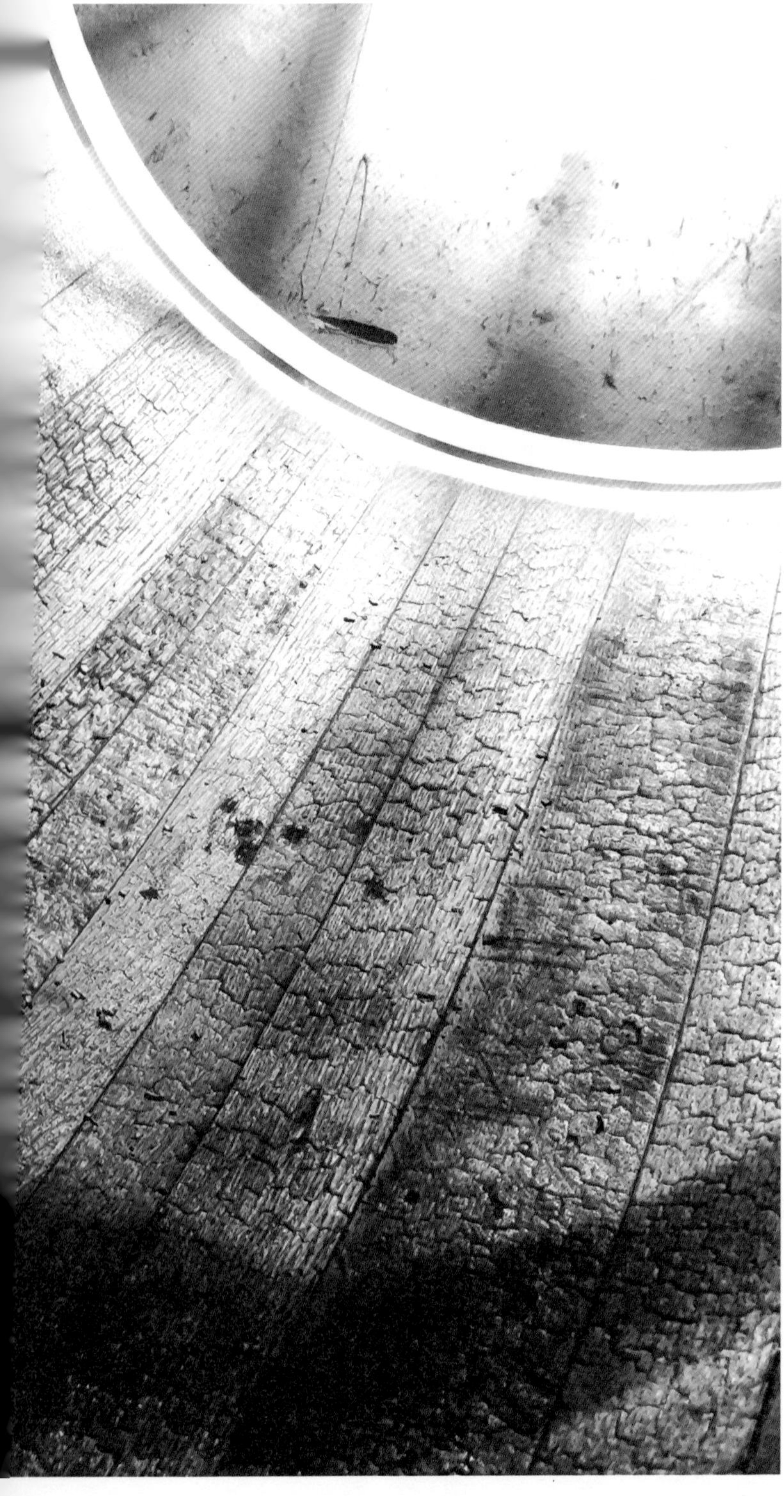

泥煤
上帝賜給蘇格蘭的恩澤

煤是近代工業最重要燃料之一，其主要成分為碳、氫、氧和少量的氮和硫。煤是由在沼澤的植物殘骸分解而成，一開始植物殘骸經過細菌腐化分解而轉變成泥煤（Peat），泥煤沉積並加上地球的造山運動，使得泥煤層更深埋於地底，再經地熱和生化反應之作用，泥煤終於變成各種等級的煤。所以在地表上的泥煤，就是煤炭的前身，也是蘇格蘭威士忌的重要功臣。

在蘇格蘭泥煤的產區裡，因為沿岸和內陸出產的泥煤特性不同，因此所含的酚含量相對地不同，而這又會對威士忌造成什麼不同的影響呢？

在內地沼澤的泥煤，含有較多的樹木和蕨類植物，像斯貝區（Speyside）的泥煤，主要成分就含有蘇格蘭松樹、根莖類植物、石楠木、苔蘚類植物；而接近海邊的泥煤，明顯含沙量就較高，所以質地也較為鬆軟，更帶有特殊的海藻風格。來自艾雷島（Islay）的泥煤就是最好的例子。因終年受到海藻及海風的影響，使得艾雷島泥煤中鹽的含量也較高，用艾雷島泥煤來烘烤發芽的大麥，會讓製作的威士忌中帶有碘酒味、消毒藥水味，海風的鹹味甚至是柏油的味道。

第一次到艾雷島的時候，剛好遇到連續的大晴天，就看見有人用手工在採收泥煤，不過這幾年基於環境保護的考量，每年泥煤的採收以足夠供應當年使用為準則，甚至有些地方已經不開放採收，採收後的泥煤田，必須要把採收處上層的草皮重新植回，讓上層的草皮持續生長；泥煤採收的季節大約是從每年的四月開始，由於此時泥煤田較為乾枯，採收起來的泥煤也比較容易曬乾些。基本上手工採集泥煤是很辛苦的，要先使用專門用來採泥煤的泥煤鏟，將鏟子筆直插入泥煤田中，再從旁邊朝底部補上一鏟挖起來，將泥煤鏟成長六十公分寬、十五公分的塊狀，放在旁邊的草皮上等候乾燥，兩週後再將泥煤收集並且小心堆放成小塔狀，再放置四個星期，最後泥煤師父依照其經驗法則，決定採收的日期。

去艾雷島的時候是五月初，正好是泥煤的採收季節，在我停留的五天中幾乎跑遍了整個島，可是卻只看到馬路邊一處有一個老先生自己一個人在開採，一問之下才知道現在不能隨便開採泥煤，就算泥煤田是你家的，都要有執照才能開採，所有威士忌烘麥用的泥煤全都在山的另一頭用機器開採，現在在艾雷島已經幾乎完全找不到人工開採的情形，我還能看得到是十分幸運的。

不能小看那些長得不起眼的泥煤，那些泥煤田通常要上千年歷史的累積所形成，深度有時會高達七至九公尺深，但是現在法律規定不能開採那麼深，過去島上人民家庭用的燃料也是使用泥煤，現在也都是過去式了，一切都要以環境保護為考量。

煙燻泥煤
萬年不死的浴火鳳凰

在泥煤的切割中那一部份是最好的？

最上層最靠近表面的泥煤是威士忌烘麥者最喜歡的一部分，因為它有最豐富的味道，能產生最多的煙燻，相對來說，它能產生的熱量較少。越往下挖，泥煤的顏色就越深，能產生的熱量就越高，煙的量就越少，取而代之的是火。最下面一層的泥煤，幾乎就像是煤炭了，又硬又黑，它的燃燒能產生最多熱量，過去的開採，這一層通常拿來作為家用泥煤，拿來煮飯燒菜用的。在艾雷島（Islay）他們稱呼泥煤上中下層分別為：「Top」、「Second」和「Third」peats。在歐克尼島（Orkney）他們把由上到下的分層稱呼為：「Fog」、「Yarphie」和「Moss」。威士忌的烘麥要的是煙不是火，所以最上層的泥煤最受青睞。現在艾雷島的泥煤開採，以六英吋為一層，開採上下兩層，也就足夠了。

拿泥煤來煙燻發芽的大麥將其烘乾，同時也

在麥子上留下「酚」。酚（碳酸值）依其所佔比例以百萬分之一濃度 ppm 為單位，碳酸值為 1 ～ 10ppm 屬於輕度泥煤，10 ～ 30ppm 屬於中度泥煤，30 ～ 50ppm 屬於重度泥煤。很多人會誤以為只有海島型的威士忌才有泥煤味，其實不然，那些你喝不太出泥煤味的威士忌，其實都加進輕度泥煤來增加威士忌的複雜度，全蘇格蘭號稱不加任何泥煤味的蒸餾廠只有格蘭哥尼（Glengoyne）一家。

泥煤燻麥的特殊味道，是讓蘇格蘭相對其他威士忌生產國，特別突出的理由之一，特別是海島型威士忌的碘味或是消毒藥水味，是許多逐臭之夫的最愛，而當地的泥煤就是威士忌美味的秘密。相對來說，這樣特殊的味道也有人避之唯恐不及。

不過當你親身靠近那一大片泥煤土地，拿起那一塊塊歷經千年歷史的泥煤炭，知道它將投身入火，將它千年的等待化為灰燼，化作一縷幽魂進入麥子中，所為無它，只為了成就那金黃澄澈的生命之水，能在你入口時，多激發出你一絲絲的感動。這樣的威士忌能不讓人撼動心弦嗎？

風土
威士忌與節氣變化的關聯

葡萄酒每一年一次採收，這一年的氣候及土地的含水量，決定了一支酒最重要的元素：風土（Terroir）。而幾乎一年之中都不停在生產的威士忌，有沒有風土的影響？或因為季節或節氣的變化所產生威士忌氣味的變化呢？

以威士忌的製作而言，氣候的變化當然會對威士忌的製作產生影響，特別是環境氣溫的變化。在蘇格蘭的春夏秋冬所造成的溫差，會影響威士忌製程中的許多環節。不管是在發麥、發酵、蒸餾、冷凝以及桶陳，都有一定的影響力。

發麥這個工序，過去蘇格蘭是採用地板發麥，都是藉由自然的空調與開窗，來散掉發芽時所產生的熱氣，因此環境的氣溫決定翻動發芽大麥的次數。達到大麥最有效的澱粉轉化。如今，發麥的工作幾乎交給麥芽廠來製作，在室內的控溫及電腦設備之下，已經沒有環境影響的問題了。

發酵這個工序，目前仍受著環境氣溫的影響很大。冬天天氣冷，酵母菌的活力較差、發酵時間較長；夏天則反之，酵母菌充滿活力，能盡快將發酵的行為完成，正因為如此，許多堅持用老式松木發酵槽的蒸餾廠，便宣稱使用舊式木槽發酵的保溫效果比新式的不鏽鋼槽發酵好。

蒸餾時一樣有環境氣溫的問題，蘇格蘭冬天氣溫冷時，甚至下起雪來，蒸餾器銅壁的溫度低會讓內部酒蒸汽在壁緣凝結，增加酒汁的回流量，增加更多的銅對話，這樣蒸餾出來的原酒，有可能會比夏天蒸餾的原酒，更為純淨細緻。

冷凝這道工序受氣溫的影響更大，天氣越冷，冷凝的速度越快，冷凝器放在室內或放在室外也會影響，傳統的蟲桶冷凝與新式柱型冷凝影響也大不相同。使用蟲桶冷凝的蒸餾廠，因天氣冷，酒蒸汽在冷凝器中的銅對話就更少，因此有些酒廠會在不同的氣候之下，調整蟲桶桶內冷凝水溫，來控制新酒的風味一致。

以上而言，似乎蘇格蘭威士忌也有所謂的風土，因環境氣溫所影響的變化。其實不然。每一個蘇格蘭的蒸餾廠廠長被指定的任務，並不是生產充滿風土變化的原酒，而是要將一家酒廠所設定的原酒精神，盡最大可能地保持不變，不被氣候變化所改變，堅持生產出穩定特質的新酒。過去用人工經驗的傳承來達成，如今用電腦化的設備控制來達成。因此要硬指這些因環境溫度的改變就是風土，其實是有些牽強的。

威士忌的風土

威士忌的風土定義

但是有三樣東西，我認為是屬於風土的變化的。

這三樣就是：水、桶陳環境與當地人文。這三樣東西都全面性的影響了威士忌的質地和風味特色，並且無法用工序的調整來改變，我認為這才是風土。

每一家酒廠都依水而生，因此不同的威士忌酒廠幾乎使用不同的水源，而水在製造的過程中影響了醣化、發酵、蒸餾、桶陳全面的品質，而水的來源以及流經的土地、礦物質的含量，甚至因為季節改變而產生的變化，在製作威士忌的工序中，這些礦物質與酒液的作用可能會形成無法捉摸的美麗芳香物質，是值得細細追蹤的。

有一次我去拜訪北歐瑞典的酒廠，在那個極寒之地，卻有著比蘇格蘭更快速的熟成環境，原來是因為晝夜溫差大，造就的

快速熟成，而在拜訪美國波本威士忌酒廠時，他們強調即使在同一座儲酒倉庫中，在調和威士忌時，也要選取部分陳放在酒窖上層以及部分酒窖下層的酒桶，彼此混和，來達成風味的均一性，桶陳的環境溫度與濕度之間的微妙關係，讓威士忌就算是放在同一座倉庫之中，每一桶也有完全不同的表現，真是太奇妙了。

南投酒廠有十分獨特的荔枝風味桶威士忌，因為酒廠原始設定在協助這塊土地消化生產過剩的水果，無心插柳，卻因此在南投酒廠開始決定生產威士忌時，比別人多了許多特殊水果風味桶的優勢。有一次與南投酒廠的調酒師團隊聊到下一個批次的荔枝風味桶該往哪個方向走？要在地化？還是國際化？在地的消費者習慣濃豔的荔枝味，而對國際的消費者來說風味桶的氣味應該是胭脂淡掃。同樣的，我在拜訪美國波本威士忌酒業時，他們對於橡木桶的使用，規定使用全新橡木桶，甚至有些波本酒覺得一次全新橡木桶不夠，會要

求再換桶一次全新橡木桶，達成二〇〇％的全新橡木桶使用。而我拜訪蘇格蘭威士忌酒廠，絕大多數的酒廠經理表示他們認為最適合蘇格蘭威士忌的不是全新橡木桶，也不是陳放過波本酒或是雪莉酒的初次裝填橡木桶，而是二次裝填的舊橡木桶。

濃妝艷抹的荔枝味還是淡掃蛾眉的荔枝味好？美國全新橡木桶使用或是蘇格蘭二手橡木桶的使用為優？這一題我們不用對錯是非來選邊站，它顯現的是文化的差異，文化造成對美感的差異，而不同土地人們美感的差異就會決定他們製造出威士忌不同的氣味，這就是因人而造就的風土。

威士忌風土的定義與葡萄酒是大不相同的，然而世間美好的事物，都具有記載著風土的相同特質，面對它，人只能盡力而為，不能為所欲為。大自然還是真正的造物者。讓我們景仰祂，並且愛戀祂。

蒸餾

蒸餾決定了酒廠精神

蒸餾的目的是為了把酒精從發酵後的酒醪中分離出來，透過加熱把水和酒精分開。因為酒精的沸點比水低，所以加熱之後再重新將蒸汽狀的酒精冷卻，便可以得到我們所需要的酒精。在蘇格蘭的威士忌酒廠傳統上是採用腹大細頸葫蘆狀的壺式銅製蒸餾器，因傳統的蘇格蘭銅製蒸餾器的特性，是一種充滿個性的技藝，不同壺身形狀決定蒸餾後的酒質特性，不同的頸子決定在什麼樣的狀態將酒精收取起來，因此一家酒廠新酒（New

Make）的特徵，幾乎是由蒸餾器所決定的，換言之，我們可以說，蒸餾器的長相就決定了一家酒廠威士忌的原始精神。

用個易懂的比喻解釋，如果蒸餾器是個矮胖子，蒸汽在腹身的行走距離不長，酒精在收取的過程較短，酒精容易被收集起來，不用擔心還沒被收取前就附著於銅壁又重新滑回蒸餾器的肚子裡。這樣的新酒酒體通常較為粗獷、強烈、複雜。如果蒸餾器長得像是一隻長頸鹿，被蒸餾的酒汁在腹身的行走距離很長，花較長的時間在瓶頸之中力爭上游，帶著太多雜質的酒精蒸汽，容易在上行的過程中重新液化滑回腹身，這樣蒸餾後的結果酒體較為乾淨、柔和、細緻。矮胖子的代表酒廠像是麥卡倫（Macallan），長頸鹿的代表酒廠是格蘭傑（Glenmorangie）。

二次蒸餾

不需畫蛇添足的完美

蘇格蘭威士忌的蒸餾一般需要兩只蒸餾器，分成前段和後段，前段蒸餾器稱為Wash Still，後段蒸餾器稱為Low Wine Still，有些作三次蒸餾的酒廠則需多準備一只蒸餾器，用三只蒸餾器的設定完成三次蒸餾的工序。

何為第一段蒸餾——初餾？

第一段蒸餾的主要目的是把酒精從稱為酒醪的麥芽發酵汁（Wash）中取出，故此前段蒸餾器稱為Wash Still，經過第一次的蒸餾，會將原本約七％左右的麥芽發酵汁變成二〇％左右的Low Wine，在酒廠參觀時，如果有兩只蒸餾器，通常比較大的那只蒸餾器，就是拿來做為前段蒸餾的初餾機。

何為第二段蒸餾——再餾？

在進行第二段蒸餾之前，蒸餾廠會把上一次再餾後剩餘的酒頭和酒尾加進Low Wine中，將酒精度從二〇％調高到二十八％以利蒸餾，二次蒸餾的目的是為了將酒液裡酒廠想要的味道分離出

來。蒸餾後的酒精濃度約為七〇％，而二次蒸餾時所取的酒液是最精華的酒心（Heart），有最美好的芬芳以及乾淨的酒質，所謂的酒心就是酒廠期望的味道。酒頭（Foreshots）過份的強烈氣味雜質混濁，不適合取用，酒尾（Feints）的芬芳物質已不足夠，會帶有些許的皮革味，也不適合，都會在取酒的過程將其分離出來，不過酒頭與酒尾並不是丟掉，都會回收再使用。前面把酒精度從二〇％調成二十八％就是用這部分酒液的再利用。

一般來說入桶前的新酒稱之為 Spirit，故後段再餾機也稱為 Spirit Still。二次蒸餾過程也到此為止。

少數的蘇格蘭酒廠及大部分的愛爾蘭酒廠會利用三次蒸餾作為酒廠的特色，他們認為三次蒸餾會將酒精濃度提高到八〇％以上，除了把酒精度提高，對酒體而言，是將其淨化、細緻、更優雅化的做法。不過堅持二次蒸餾傳統的酒廠也有話說，他們覺得：完美是不需要畫蛇添足的。

三次蒸餾

讓橡木桶自在地馳騁

在蘇格蘭的蒸餾廠絕大多數都是以二次蒸餾做為新酒取用的標準，然而還是有人標榜三次蒸餾，那到底二次蒸餾與三次蒸餾有什麼樣的差異？

愛爾蘭人常常對外宣稱他們的威士忌是做三次蒸餾的，這也是愛爾蘭威士忌宣傳的重點之一，為何要做三次蒸餾？蒸餾比較多次比較好喝嗎？或是酒質比較棒嗎？部分蘇格蘭人會嘲笑愛爾蘭人裝模作樣，說蒸餾二次就可以得到完美的酒，為何要畫蛇添足弄那三次蒸餾呢，話雖如此，愛爾蘭威士忌與蘇格蘭威士忌各擅勝場，各有各的風格。即使蘇格蘭之中做三次蒸餾的蒸餾廠，如歐肯（Auchentoshan），玫瑰河岸（Rosebank）也都有其不輸給其他一流酒廠的極佳表現，那到底提高蒸餾次數會產生什麼樣的結果？

從理論上來看，不管是穀物或是葡萄或是其他水果的蒸餾，次數越多，作物原始的風味就會降低，而酒精濃度亦會隨之提高。如繼續不斷蒸餾，一直到最後會變成純酒精。換言之，多了一次的蒸餾酒體將變乾淨，去除了酒中更多的異味（包含雜味，當然也包含美味）。相對來說，蒸餾器的形狀、大小、頸長，對蒸餾所產生的風格特色，也相對蒸餾次數的提高，而失去那舉足輕重的地位了。

得與失之間又該如何拿捏？

曾經喝了一隻歐肯（Auchentoshan）十七年的限量酒，三次蒸餾後，在波本桶中陳放了九年，再換桶至波爾多紅酒桶中陳放八年，三次蒸餾後乾淨的酒體，提供了純淨的環境讓不同的橡木桶於其中自在的馳騁，展現風華。或許它不一定是你想要的，但它的獨特想法以及美味的表現，是不容否認的。

終究威士忌的美，蒸餾不是唯一決定的因素。

特殊的蒸餾方式

瘋了魔的蒸餾技巧——二・五、二・八一以及部分三次蒸餾

一般蘇格蘭威士忌都是作二次蒸餾，少數酒廠作三次蒸餾，但是有幾家特別的酒廠，做了非常特殊的蒸餾法，這些別出心裁的蒸餾法，不是為了標新立異，而是酒廠認為這樣的蒸餾法最能表現出它們所期待的特質，讓蒸餾器展現完美的技法，以及最具酒廠想表現的精神和特色。

介紹三家全蘇格蘭獨一無二、特殊的蒸餾過程剖析，這樣的蒸餾法複雜，且來自酒廠經年累月所研發出來的成就，值得深入探討，也可以知道為什麼這三家酒廠的酒質如此特別的理由。

這三家酒廠分別是雲頂（Springbank），慕赫（Mortlach），班凌斯（Benrinnes）。

一、雲頂酒廠的二・五次蒸餾：

初步的麥芽發酵汁（Wash）會控制發酵到四至五％的酒精濃度，作正常的二次蒸餾，但是不像一般手續直接取其酒心，反而取平均大約五〇％酒精度的酒尾（Feints），收集起來當作A液。

然後再取只作了一次蒸餾的酒液（Low wine），酒精度約二〇％，收集起來當作B液。八〇％的A液加上二〇％的B液，混合再作第三次的蒸餾，取六十八至六十三％的酒心，這就是雲頂蒸餾廠的新酒（New spirit），也是其稱之「二・五次蒸餾」的來由。

雲頂酒廠在它拿來入桶的原酒作了所謂的二・五次次蒸餾，其旗下的朗格羅（Longrow）做了正常的二次蒸餾，一九九七年其旗下新出來的赫佐本（Hazzelburn）就作

了正常的三次蒸餾，作出七十四至七十五%酒精度的新酒，顯而易見，這個酒廠用蒸餾的手段在尋求不同特質的新酒，作出不同品牌的不同精神。

二、慕赫酒廠的二・八一蒸餾：

慕赫酒廠的蒸餾製程號稱是全蘇格蘭最複雜的蒸餾系統，用了六只蒸餾器以及三個分酒箱（Spirit safe）來達成這個複雜的工程。為什麼不稱它為三對蒸餾器，而稱其為六只呢？因為它的蒸餾器沒有成對，六只都是獨立的個體，分別執行不同的任務。三只初餾器，兩只容量是七千五百公升，一只是一萬五千公升。三只再餾器容量分別是七千九百、八千二百、八千八百公升，特別是最小的那只再餾器（七千九百公升）是酒廠新酒的靈魂人物，酒廠的好味道據說大部分都來自它的魔法，它自己還擁有一個知名而神秘的渾號，叫作「Wee Witchie」，俗稱「小女巫」。事實上所謂的二・八一蒸餾，這只最小的再餾器在這工程中，也是扮演最吃重的角色。

先幫這些獨一無二的蒸餾器們編個號吧。初餾器 No.1（七千五百公升），初餾器 No.2（七千五百公升），初餾器 No.3（一萬五千公升）。再餾器 No.1（七千九百公升），再餾器 No.2（八千二百公升），再餾器 No.3（八千八百公升）。

慕赫的麥芽發酵汁為八%的酒精度，接下來分成三道不同的蒸餾程序，將蒸餾出三道不同的新酒。

第一道新酒：把初餾器 No.3 和再餾器 No.3 成對，作正常的二次蒸餾，取酒心，就成為第一道新酒，從這道新酒得到豐沛的麥芽香氣。

第二道新酒：把初餾器 No.1 和初餾器 No.2 所蒸餾出來的前段八〇%酒精度較強的酒汁收集起來，放入再餾器 No.2 之中作第二次蒸餾，取酒心，就成為第二道新酒，這道取前段酒液二次蒸餾的新酒主要想取得更豐富的果香。

No.1
LOW WINES
STILL
CAPACITY:
7,880 LITRES

No 1 SPIRIT STILL
MORTLACH
2018

第三道新酒：把初餾器 No.1 和初餾器 No.2 蒸餾出來後段二〇%酒精度較低的酒汁收集起來，放入再餾器 No.1（小女巫蒸餾器）之中，再做三次的蒸餾，前兩次的蒸餾取一〇〇%的酒汁（又稱之為 Dummy Run），第三次蒸餾才取酒心，所取的酒心就是第三道新酒，實際上這道新酒做了四次蒸餾。這道新酒的特色就是他能取出酒尾才會出現的特殊「肉味」。

三道不同的新酒有不同的風味，不同的酒精度，不同的性格，在入桶陳年之前，把三道新酒的麥味、果味、肉味以神秘的比例做調混再入桶，形成其特殊二．八一蒸餾的酒廠風格。

三、班凌斯酒廠的部分三次蒸餾（Partial triple distillation）：

一樣是六只蒸餾器的班凌斯酒廠，喜歡玩 3P，一般別人是兩兩成對，它們是三人成行，所以每一只初餾器配上兩只再餾器，六只蒸餾器分為兩組來運作。

首先八%酒精度的麥芽發酵汁，先在初餾器中作第一次蒸餾，蒸餾出來的酒汁分成前後兩段分開儲放，前段的酒精濃度較高，後段較弱。

前段較強的酒液，做第二次蒸餾，取酒心，收集起來成為一道新酒。

後段較弱的酒液，做第二次蒸餾，然後再分前段較強的酒液，及後段較弱酒液，第二次蒸餾所得前段較強酒液，再做第三次蒸餾，取酒心，收集起來成為第二道新酒。那第二次蒸餾後段較弱的酒液，就被當作酒尾回收再蒸餾。

混和後的兩道新酒酒精度高達七十六%，其中有一部分是二次蒸餾，一部分是三次蒸餾，故稱之「部分三次蒸餾」。

或許我們只用短短幾行字，把複雜的蒸餾過程簡化來說明，但是酒廠為了堅持這樣的特殊蒸餾法，全套生產流程的配置，都會被複雜化，產製威士忌新酒是個緊緊相扣的環結，為什麼他們要搞得如此複雜？也許還因此必須降低每週威士忌產量來配合流程？為什麼？

千萬別忘了，當我們享用美味而豐富的威士忌，背後都是用一連串的堅持、信仰、付出當成基石，所建造出的美麗世界。

橡木桶

分辨橡木桶不同的氣味

當你開始愛上威士忌，也知道蘇格蘭威士忌之中陳年的橡木桶扮演很重要的角色，可是會不會開始疑問，威士忌中哪些味道是橡木桶造成的？不同的桶子會有什麼樣的差別？如何分辨？

一般的美國威士忌通稱為波本威士忌（Bourbon Whisky），通常他們會使用全新的橡木桶，所以我們喝到波本威士忌，常常帶有較重的松香水或香蕉油的味道（就是所謂的油漆味），還有較重的木質調。因為那多半是全新橡木桶所產生的味道，它們在陳年波本酒時，橡木桶只使用一次，然後就把空桶子送往蘇格蘭，而蘇格蘭威士忌就接收來自美國的二手桶子，恰好蘇格蘭人擔心過重的全新橡木桶可能帶來強烈粗糙的氣味，會掩蓋了麥芽酒細緻的味道，所以大部分的蘇格蘭威士忌用的都是波本威士忌陳年過的桶子，或是來自西班牙雪莉酒陳年過的橡木桶，這兩種桶子是所有蘇格蘭威士忌最主要用來陳年的橡木桶來源，所以認識蘇格蘭威士忌就從這兩種桶子的基本風味來開始研究。

一、波本桶風格：美國用玉米做為主要原料的波本酒從橡木桶帶走了濃郁松香水的味道，留下了二手的波本橡木桶，蘇格蘭拿二手波本桶來陳年麥芽酒，能產生細緻的香草味（Vanilla），淡淡的花香（Floral），還有太妃糖的味道（Caramel toffee），還有那香甜烤過的蘋果派的味道（Dessert apple），當然還有就是木頭的丹寧味（Tannin）。

二、雪莉桶風格：來自西班牙的雪莉桶有許多的種類，要看陳放過什麼種類的雪莉酒來決定。雪莉酒（Sherry）是用葡萄釀的加烈酒，以前的雪莉桶因雪莉酒整桶運輸取得容易，當西班牙政府不允許整桶運輸後，如今雪莉桶已成為昂貴的成本，大部分用來釀製雪莉酒的葡萄品種叫 Palomino grape，從釀製的過程造成甜度及口味的不同，分為以下幾種，拿來陳年麥芽威士忌，也造成麥芽酒的味道有著不同的特色：

1、Fino：不甜感（Dry）、清新的感覺（Fresh）。

2、Manzanilla：略微有海中的鹹味（A saltier coastal cousin）。

3、Amontillado：略帶堅果的氣味（Nuttier）。

4、Palo Cortado：美好熟成的酚類（Aromatic），烤餅乾的味道（Cookie：like）。

5、Oloroso：舌後油脂般滑順感（Creamy）、果香（Fruity）。

6、Pedro Ximenez：強烈葡萄乾的味道（Intensely raisiny）、糖蜜的味道（Treacly）。

大部分酒廠所生產的威士忌在裝瓶前會把兩種不同橡木桶：波本桶和雪莉桶所熟成的威士忌調配在一起，來找到他們所希望達到的平衡之美。

除了波本桶與雪莉桶，這些年來更多不同的加烈葡萄酒橡木桶加入威士忌陳年的陣營，有波特桶、馬德拉桶、瑪莎拉桶，更有來自世界各地不同的葡萄酒橡木桶加入，有法國蘇玳甜白酒桶、匈牙利拓凱桶、義大利紅酒桶、法國五大酒莊紅酒桶、香檳橡木桶、有白蘭地橡木桶等等。

這些過去曾經風光一時的加烈酒或葡萄酒，如今仍是部分歐洲人的餐前或餐後酒，在那過去英國的航海年代，英國人四處從全世界帶回他們的戰利品，因此創造了酒的歷史，這些年來對外人來說，蒸餾廠用了許多稀奇古怪的橡木桶來陳年，其實這些稀奇古怪的葡萄酒，遠在十六、十七世紀就開始存在他們的生活之中，是歷史，也是文化的一部分，如今轉化成新的形式體現在威士忌當中呢。

學著傾聽不同橡木桶與威士忌的對話，不用擔心它們因個性不合而吵架，也不用擔心它們彼此的難以融合，或許麥芽酒與橡木桶會開始爭辯誰是主角，我們只需好好欣賞，無須介入，因為時間向來就是最好的仲裁者。

時間熟成

橡木桶的壽命

還有一個大家其實很少談到的，就是橡木桶的使用年限，一個木桶到底可以使用幾次？使用多久？正常來說橡木桶的使用年限是五十至六十年，如果每次使用十二年來熟成威士忌，這個橡木桶最多可以使用五次。可以想見的，初次使用的橡木桶和第二次使用的橡木桶，甚至到第五次陳年的橡木桶，陳年出來的威士忌顏色和香氣一定很不一樣。我所認識的威士忌酒廠，他們大部分最喜歡第二次拿來裝填威士忌的橡木桶來熟成單一麥芽威士忌，對他們來說，這個時間點的橡木桶與麥芽酒的平衡最好。

所謂的單一桶（Single Cask 或 Single Barrel）的威士忌是在眾多的橡木桶中，找到珍貴的一桶，其熟成的年份宜人，麥芽酒與橡木桶的平衡恰到好處，於是單獨一桶裝瓶，限量生產。這樣的酒常常會以「原桶強度」來裝瓶，所謂的原桶強度裝瓶，就是在裝瓶的過程之中，不加入任何的水來降低它的酒精濃度，讓它保持出桶時原始的狀態與酒精度，用原汁原味的方式呈現。有機會擁有這樣的威士忌，應該要懂得珍惜及對時間巨人的感恩，感謝時間在漫長的歲月中雕琢了這桶獨一無二的藝術品。

一些隱形的因素決定了威士忌好壞，一般人卻不容易看到。大部分大家看到的是行銷廣告的包裝，還有流行性的炒作。威士忌真正的價值只能靠你自己用心去品嚐和感受，想一想你花的錢，買酒時是花在買行銷話術還是買到了珍貴的時間魔法？

與自然融合

橡木桶的呼吸

在陳年的過程裡，橡木桶對威士忌的影響，不只是幫無色透明的麥芽蒸餾酒，加入了木醣、橡木的酯類、木桶烤過的風味，還有美麗的琥珀色澤。在這同時，也除去了硫類的複合物質和不成熟的味道。因為相互作用的結果，把木桶裡的單寧變成芬芳物質，酸性物質變成果香。根據專業的研究，威士忌之中超過五〇％的香味和芬芳是來自於橡木桶陳年的過程。

但是因為天使的分享（Angel's Share），「活著」的木桶，因為讓木桶裡的威士忌和外面的空氣「呼吸」，也會喪失掉一些原有的酒精和香氣。甚至因為儲存的地點不一樣，添加來自環境中不同的味道。我常常覺得在拉佛格（Laphroaig）那邊位在海邊的倉庫，為威士忌帶來海草的味道。

在乾燥的季節裡，橡木桶讓威士忌向外呼氣，在潮濕的季節裡，橡木桶讓威士忌向內吸氣。這樣的呼吸，對威士忌的影響，絕對不亞於橡木桶本身的化學變化帶給它的影響。

橡木桶帶給威士忌化學和物理上的變化。這些看不見的事物，改變著威士忌，增加也帶走它原來的味道。熟成帶來一些東西，同樣地也帶走了一些。年份，不是決定威士忌好不好喝的唯一因素。掌握一瓶威士忌的平衡，靠的是首席調酒師用歲月換來的經驗。

大自然是平衡的。在威士忌的世界，和在人類的世界裡一樣。年紀帶來了成熟與智慧，也帶走了一些衝動與創造力。在愛情裡，多了熟悉的恩情和溫情，也會少了一些激情和熱情。威士忌的平衡不簡單，人生的平衡，也一樣很難。

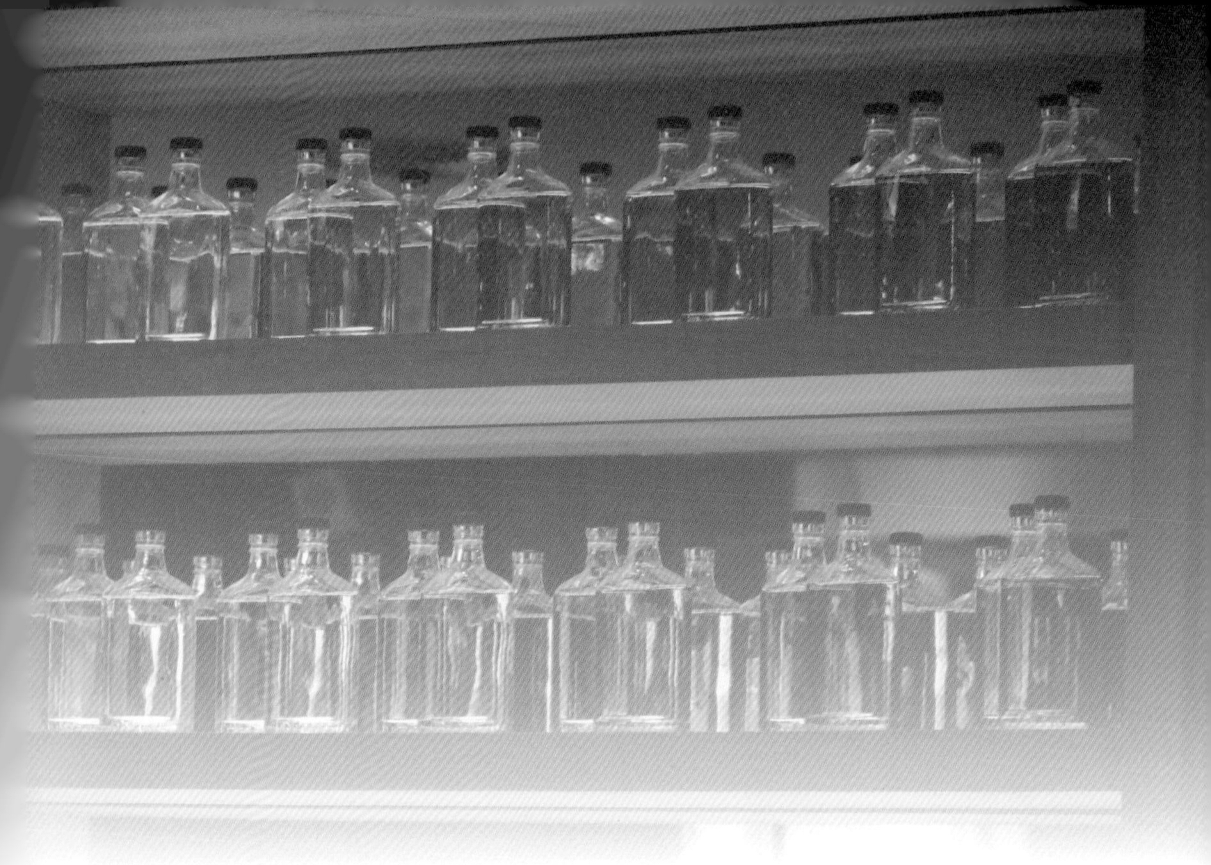

·使徒·

尋找生命中「12使徒」的旅程

是時候了，該是我們整備好一起去尋找自己生命中的十二瓶威士忌，這十二瓶威士忌跟價錢、顏色、好壞、年份都沒關係，幸好我們在整備的過程都把這些對威士忌錯誤的認知放下了，重新拾起生命的感動和生活的品味，就帶著我們還會悸動的靈魂向前走吧。

1、格蘭傑（Glenmorangie）歐斯塔（Astar）——**專注**
2、雅柏（Ardbeg）烏嘎爹（Uigeadial）——**忍耐**
3、樂加維林（Lagavulin）16年——**孤獨**
4、響（Hibiki）30年——**智慧**
5、高原騎士（Highland Park）25年——**自由**
6、泰斯卡（Talisker）10年——**熱情**
7、格蘭利威（The Glenlivet）18年——**記憶**
8、皇家藍勳（Royal Lochnagar）精選（Selected reserve）——**沉默**
9、大摩（Dalmore）1973年——**忌妒**
10、汀士頓（Deanston）1996年——**勇氣**
11．麥卡倫（Macallan）30年——**執著**
12．波特艾倫（Port Ellen）1977年——**神話**

我生命中的第一使徒

格蘭傑（Glenmorangie）歐斯塔（Astar）——專注

50
40
30
20

二〇〇二年是我第一次踏上蘇格蘭的土地，並在酒廠生活和工作了一個星期，那家酒廠就是格蘭傑，那一年對威士忌製程的認識了解，讓我把所有探尋威士忌美味的線索全都串連在一起了。從那個時候格蘭傑在我的生命之中就有了不解之緣。格蘭傑一貫對橡木桶的專注，深入到瘋了魔的境界。去過歐洲的人都知道，過去威士忌是屬於老年人的嗜好和品味，格蘭傑對風味桶的研究改變了這個事實，帶領了威士忌進入了新的紀元。

也因為當時身在格蘭傑酒廠與蘇格蘭文化的深入接觸，讓我生命中的威士忌旅程，不再是站在個人私自愛好的角度，不用自己的好惡決定一切，學會用「威士忌的語言」來愛上威士忌。

橡木桶實驗室

格蘭傑擁有全蘇格蘭最高的銅製蒸餾器，用來蒸餾出最純淨美麗的原酒，也是投資最多精力研究不同的風味橡木桶，對原酒在陳年之中變化的影響最深入的一家蒸餾廠。格蘭傑對風味桶（Wood finish）的研究，影響了許許多多的老饕，改變許多消費者的想法，造成其他酒廠跟進，形成了傳統威士忌的大革命。

酒廠中默默主導著這場革命起義的靈魂人物，撼動了威士忌世界的這個人，就是比爾博士（Dr. Bill Lumsden）。六月二十五日是比爾博士的生日，跟我約好在二十六日品酒會見面的他遲到了，難得來台一次的他，當然是媒體追逐的焦點，台灣媒體記者的酒量是出了名的好，餐敘之中，大家知道比爾博士生日，自然不放過他，一番輪攻後，比爾博士來到品酒會時，早已微醺，正是坦誠以對，言語不羈的好時刻，那威士忌大師的矜持，在前來的路上，掉在計程車上，忘了帶下車來了。

對於酒後吐真言的比爾博士，認為格蘭傑有著獨一無二的蒸餾器，製作出美麗細緻的原酒，所以他認為如此細緻的原酒，並不需要過多的陳年來畫蛇添足，所以格蘭傑10年的熟成是他本人的最愛，風味桶像是為威士忌著上不同的衣裝，提供更多的選擇性，但格蘭傑真正美好的本質是不會改變的。

風味桶並不是像大家所想的換個桶子而已，它是個充滿挑戰的實驗過程，格蘭傑酒廠花了許多的人力及物力進行深入的研究，並且把一次桶、二次桶、三次桶的混用及調合比例作為是威士忌美味的訣竅。一個單一的桶子是很難掌握其隨著時間的變化，很難斷定桶子的未來表現，但是成堆的橡木桶，就有一個共同的特徵和方向。沒想到，研究威士忌也會牽涉到社會學啊。

大家最想知道那格蘭傑酒廠最引以為傲的天鵝頸蒸餾器，它的歷史來由，是因為追求完美而設計出來的，還是不小心歪打正著呢？比爾博士回答：「一切都是巧合，在蘇格蘭的歷史裡，最美的事物的發生都是因為巧合。」

專注於橡木桶的本質

根據比爾博士的說法，平均而言，一支威士忌的風味有五〇%來自於橡木桶，當然每家酒廠的作法不盡相同。而且年份越高的威士忌，相對來說橡木桶的影響也越高。但是不管如何，橡木桶對於威士忌風味的影響之巨大，影響力所佔比例之高，是不容抹滅的事實。

因此每一家酒廠都應該有認知，要讓威士忌的風味更豐富，應該要從增加橡木桶的品質下手。

而專注於使用來自美國波本二手桶，以及西班牙雪莉二手桶的蘇格蘭威士忌產業，能不能有效的管控橡木桶品質從一開始它還是木材時，一路到它成形的過程呢？專家說：「好的橡木，從一百五十年前它還是種子時就已經決定了。」

威士忌產業能對橡木桶下功夫到什麼樣的境界呢？

比爾博士從一九八五年就千里迢迢跑到美國的歐札克（Ozarks）開始了這項研究。以前的時代，要做為釀酒製桶的木材裁切下來，都要在戶外風乾若干年，讓木材本身的辛辣刺鼻味消失，再烘乾製桶。現代波本威士忌越賣越好，人們已經懶得等待這來自時間與自然風吹雨淋的洗禮，許多美國波本桶通常在木材砍下來四個星期，就拿來烘乾製桶。或許波本酒的體質粗獷強壯，可以容許更多的雜味，但是對於細緻優雅的蘇格蘭麥芽威士忌來說，沒有適當管理的木材，就影響到蘇格蘭威士忌的品質了。

格蘭傑有全蘇格蘭最高的蒸餾器，蒸餾出最細緻的原酒，不允許風味粗糙的橡木桶，因為這個原因，比爾博士大老遠飛到美國密蘇里州的歐札克森林，開始了他的橡木之旅。

比爾博士在美國密蘇里州的歐札克森林找到了什麼樣被他稱之為「設計師桶（Designer Cask）」的好木材呢？

一、成長緩慢的木材：

一定是要成長緩慢的木材，選擇向陰而非向陽的林地，讓橡木不會因為陽光的熾烈，導致成長過份迅速。這其中也包括要選擇較為貧瘠土壤的橡木林。

成長較為緩慢的橡木，年輪之間的距離較窄，成長過快的橡木，年輪之間的距離較寬。

二、粗大的毛細孔：

橡木在春天的到來時，為了吸收更多的養分，毛細孔因此就會增大，那春天粗大的毛細孔的群聚，就會形成一圈黑黑的部分，每年都有一個黑圈圈，隨著橡木的年齡增加，這一個個黑圈圈就隨之增加，這就是所謂的年輪。

對於威士忌來說，那一圈圈的年輪越密集越好，年輪越密集表示粗大的毛細孔越多，這些毛細孔就是威士忌和橡木桶對話的窗口，粗大的毛細孔越多，表示能萃取出更多在木頭中細緻的芬芳。一般而言，大部分波本威士忌的木頭年輪，每一吋約三至五個年輪。而格蘭傑的設計師桶則將其提升到每一吋八至十二個年輪。

三、與自然對話：

什麼是與自然對話？就是 Air-seasoned，就是裁切下來的木材，必須放置在自然界中，自然陰乾兩年，所謂的自然陰乾，並不是只曬乾它的意思，而是放在戶外讓原來嶄新的木材，把過強的單寧，苦味，讓風吹日曬自然沖刷掉不要的味道，這樣與大自然對話兩年之後，才搬進室內，等待烘乾。

四、細緻的烘烤：

波本桶的烘烤有兩道工序，一個是炙（Charred），一個是烤（Toasted）。

什麼是炙？什麼是烤？

所謂的「炙」，就是當橡木桶成型時，還沒有蓋上側板前，在橡木桶內部放火燒，通常熊熊的烈火，會竄出木桶好幾公尺高，讓木桶的內部有一層木炭層，這道工序，可以讓陳年於桶中的威士忌顏色較深，煙燻味較重。

所謂的「烤」，就是利用紅外線之類的加熱法，利用紅外線緩慢地深入橡木桶內部細胞分子的加熱法，這樣的工序不會在表面形成很厚的木炭層。烤的手法會讓陳年在這種木桶的威士忌，產生焦糖布丁以及香草的味道。

現在一般的波本桶越來越少做費時費力的烤（Toasted）的動作，所以大概炙（Charred）個兩分鐘，產生一至兩公分的木炭層厚度，這樣的木桶製作，橡木的本質風味會較不清楚，而煙燻味會比較重。

格蘭傑的設計師桶，大概炙（Charred）個二〇至三〇秒，用紅外線烤（Toasted）了大約十五至二十分鐘。如果以焦黑的程度來定分數，從一至十度。現在一般的波本桶大概焦黑度是七至八度，設計師桶約為二至三度。所以以設計師桶來陳年，顏色會比現在一般波本桶陳年的威士忌來得淺，相對來說煙燻味也較淡，但是，木桶本身的香草味，焦糖布丁，太妃糖，白巧克力，柑橘香……，這些來自木桶本質的味道就會較清楚明顯。

以設計師桶做為陳年格蘭傑（Glenmorangie）的歐斯塔（Astar）在蓋爾語的意思是旅程（Journey），換言之，這隻酒就是記錄了追求極致橡木桶品質的旅程，進入了威士忌木桶世界的一個新的里程碑。

格蘭傑的歐斯塔這趟旅程設計了五七．一%的幾近原桶強度的裝瓶，百分之百首次裝填（First filled）的波本桶，所謂的「設計師桶」，就是以上述四種特別的工序所製造出來的橡木桶，再放進傑克丹尼爾（Jack Daniel's）美國田納西威士忌中做至少四年的陳年，再運回蘇格蘭作為蘇格蘭威士忌陳年的使用。這個特殊選製的設計師酒桶，讓威士忌會產生五種主要的味覺感受：香草、鳳梨、薄荷、杏仁和奶油布蕾。

與比爾博士約一起試酒的下午三點，戶外是晴朗美麗的天氣，午飯酒飽飯足之後，室內的冷氣吹得讓人昏昏欲睡，在昏沉之中，比爾博士一邊解說歐斯塔的細緻，一邊描述

這特製橡木桶是如何優雅的美麗。當中試了四支酒，直到雅柏（Ardbeg）的原酒出現，才一入口就從昏沉的下午中甦醒了過來。

我告訴比爾博士，這種令人昏沉下午的冷氣房，不適合與美麗細緻優雅有品味的女仕喝下午茶聊正事（像是歐斯塔），應該要陪著馥郁肥美的性感美女溫存（像是雅柏）才對，哈～

我生命中的第二使徒

雅柏（Ardbeg）烏嘎爹（Uigeadial）——忍耐

二〇〇七年當我踩上威士忌迷心中永遠的聖地艾雷島（Islay），你猜我最想拜訪的是島上哪一家威士忌酒廠？如果說艾雷島是蘇格蘭威士忌的聖地，那麼雅柏酒廠（Ardbeg）就是艾雷島中最具蘇格蘭精神的一家酒廠，也是我最想造訪的第一首選蒸餾廠。

雅柏是一家九十八%用波本桶熟成的威士忌酒廠，烏嘎爹這支酒是少數擁有雪莉風格的雅柏單一麥芽威士忌，除了酒廠標準的十年波本桶泥煤威士忌，最早出版的版本的烏嘎爹裡曾經摻入了熟成超過三十年的老雪莉桶威士忌，二〇〇七年的酒廠參觀，把酒廠裡所有的品項都試過一輪，烏嘎爹獨特深沉的魅力立刻脫穎而出，十年熟成的基酒就像是豪邁性格的蘇格蘭人一樣，而三十年的老雪莉桶威士忌就像是它們血液裡流淌著的古老民族智慧。在英格蘭人的統治之下，靜靜地等待時機到來。

雅柏的重生

創立於一八一五年的雅柏蒸餾廠，最早的歷史可以推到一七九四年，所以說這是一家非常古老的酒廠。一八五三年雅柏在當時就成為全艾雷島最大的威士忌生產中心。酒廠一路名聲顯赫的成長，直到了一九五九年成立了一家股份有限公司（Ardbeg Distillery Ltd）。

在市場上很多體質良好的公司，有上市上櫃的資格，就是不願意上市從資本市場上來得到資金，進行公司的擴張，而選擇一步一腳印，用自有資金來經營公司，以家族的經營決定成敗。不管是上市或是家族經營各有其風險，家族經營的風險是出現了敗家子，上市經營的風險是出現了市場派，不以永續經營為目地的豺狼虎豹。

從一九七四年開始可以說是一個分水嶺，什麼分水嶺呢？因為從一九七四年開始，原來雅柏酒廠引以為傲的55ppm重燻烤泥煤麥芽，就大幅度的減量，甚至到了一九七七年，一家稱之為沃克（Hiram Walker）的豺狼虎豹得到了酒廠控制權，就把手工燻麥這件事情停止了。從一九七九年開始，酒廠被設定轉向製作「基爾戴爾頓」（Kildalton）撈什子的無泥煤味的麥芽威士忌，完全破壞了雅柏酒廠原始強烈泥煤炭的蘇格蘭風格，沒幾年，遇到八〇年代的經濟蕭條，一九八一年酒廠就面臨暫時關廠的厄運了。

雅柏酒廠的泥煤味是十分特殊的，它的麥芽威士忌擁有全艾雷島最重的泥煤香氣，那特殊的甜香，以及野獸般的風味，是一種獨一無二，很難在其他酒廠找到相同的特質，據說這樣的味道，是因為過去雅柏酒廠的麥芽燻烤窯沒有抽風扇，那條由泥煤燃燒產生煙的野性巨龍，因為找不到足夠的出口，只好不斷的在麥芽室當中穿梭衝突，導致那些麥芽也沾染到牠身上的野獸氣息。這樣美好的味道，就這樣流傳下來。

去雅柏酒廠時，過去的麥芽燻烤室已經改建成了遊客中心，裡面還提供著號稱艾雷島前三大美味的餐點，那天下午整個房子人滿為患，大家都擠過來這裡享用美食，穿梭在人群之中的已經不是那條泥煤的煙燻巨龍，是烤三明治的麵包香、南瓜湯的香氣，空間中響著的是來自全世界各地的威士忌觀光客的足音。

一九八七年阿里（Allied Lyons）公司買下了沃克公司，因此取得了雅柏酒廠經營權，這家公司也好不到哪裡去，因為當時阿里擁有拉弗格（Laphroaig）蒸餾廠，所以他們把雅柏酒廠當作小弟來使喚，斷斷續續的做調和威士忌原酒的生產。這真是非常慘的事情，原來是重泥煤的翹楚，淪落到幫無泥煤味的調和酒打工，一直到一九九六年，這些日子是雅柏最悲慘的歲月。

一九九七年是個重要的一年，雅柏重生了。格蘭傑酒廠把雅柏酒廠買了下來，因為格蘭傑是在高地區泥煤味（5ppm）很清淡型的威士忌，所以很需要好的重泥煤搭配，所以雅柏便恢復其本來面貌，重新以 55ppm 的重泥煤味來生產威士忌。這個消息不只是威士忌產業，連威士忌老饕都興奮不已，因為某種程度上，這家酒廠正是蘇格蘭文化的代表，而它原始的重泥煤風味，也代表著蘇格蘭文化的獨一無二呢。

雅柏的文藝復興

雅柏把整個儲酒倉庫建造迎向海洋，就像是招喚著海風前來與倉庫中兩萬四千個橡木桶裡的威士忌，進行一場靈魂的交換，而過去拿來燻烤麥芽高聳的煙囪室，就像是祭祀海洋之神的香燭，麥芽就是牲禮，大地就是靈媒，而我們這些飲著威士忌的人們，是不是能在喝著威士忌的當下，對這個經歷時間之神與大地之神以及海洋之神加持的禮物，懷抱著感謝的敬意。

不過整個酒廠只有一對蒸餾器。因為只有一對蒸餾器，所以要完成所有的程序，製造出原酒，常常要等一等蒸餾器蒸餾完成的時間，因此在雅柏蒸餾廠完成所有的蒸餾工序大概要花去三天半來製造出新酒。在這三天半的時間之中，什麼樣的過程，決定了雅柏現今獨特的美好味道呢？

一、泥煤味的麥芽：

平均 50ppm 以上的重泥煤味，最高使用超過 100ppm 以上，雅柏要求的重度泥煤烘培麥芽，需要經過二十個小時的泥煤燻烤，再加上四個小時的烘乾，完成平均泥煤燻烤度約 55ppm 的麥芽。

二、長短發酵的搭配：

雅柏蒸餾廠使用老式的松木製發酵槽，並進行了特殊的長短發酵過程。發酵有一部分做六十個小時左右的短發酵，有一部分做接近一百個小時的長發酵，長短發酵形成清楚且迷人的香皂味及蠟的風味。用來搭配泥煤味，讓泥煤氣味更強烈。據傳這也是雅柏酒廠特殊風味的秘密來源。去酒廠時特別問了這個謠傳的祕密，酒廠人員發出神秘的微笑，原來所謂的「長短發酵」原因來自於蒸餾器的大小，因為蒸餾器的尺寸很小，一次只能放進一半的酒醪來蒸餾，另一半酒醪就只能放著持續讓它發酵。哈，原來雅柏酒廠長短發酵的由來不是因為偏心，是天生註定呀！

三、蒸餾器的配置：

只有一對蒸餾器的雅柏酒廠，在二〇〇〇年十月才更新它的再餾器，據說現在與它最大的兩個競爭對手樂加維林（Lagavulin）以及拉弗格最大風味的差別，就來自這只才更新沒多久的再餾器，這只蒸餾器的林恩臂上裝了一個小型的淨化器（Purifier），提供了更飽滿豐富的果香來撐住更重泥煤味的酒體。才能在最強泥煤味威士忌這個冠軍封號之中脫穎而出。

這家最具蘇格蘭精神的酒廠，這幾年從關廠到重新出發，回復酒廠古老歷史原貌的作法，獲得了所有威士忌老饕們的認同，從默默無聞的沉寂，到現在是國際威士忌拍賣市場最炙手可熱的角色之一，一切的堅持都是值得的。

我生命中的第三使徒

樂加維林（Lagavulin）16年——孤獨

LAG

我習慣每隔一陣子來一趟一個人孤獨的旅行，輕裝遠離塵囂，到只有天和地和我的世界，讓物質世界的煩擾在旅行的過程充分地代謝出來，對我來說孤獨是種將自己置身在天地間的高貴感受。威士忌是不擾人的旅伴，那年我帶了一支樂加維林十六年，在環島的旅行途中，一個剛下過雨的夏天，台灣東部的花蓮海邊，迎面吹來帶著海水腥味的海風，夏日的驕陽蒸騰著柏油路的水氣，風向一轉，背後那剛下過雨的小溪水夾帶著山上苔蘚青草及泥土的氣味，拂過我的鼻尖，與口中樂加維林十六年的泥煤氣味相似地讓我感動，一瞬間天與地與我幾乎分不清，那一年樂加維林十六年在東海岸背山面海的峭壁旁撼動了我的靈魂。

對愛喝威士忌的老饕來說，樂加維林是一家超級明星酒廠，如果要世界知名的酒評家選出蘇格蘭前三大酒廠，樂加維林幾乎都會上榜，陳年十六年是它的基本款，它特立獨行的風格，享受著全世界老饕給予至高無上的光環。

冷凝器俱樂部

我拜訪酒廠的那一年樂加維林的蒸餾廠廠長葛拉漢（Graham Logie）是個帥得不得了的蘇格蘭人，二〇〇七年五月初拜訪他時，他才在四月三十日辦完三十年的結婚紀念日，明明就五十二歲了，看起來像是四十出頭，他一手抹臉一手抹著頭髮，開玩笑的說保持年輕的原因是，每次在酒廠試完酒，他都用剩下樂加維林的威士忌來抹臉和頭髮，如果不小心在路上有遇見滿臉皺紋和禿頭的男人，一定是別家酒廠的人。

這就是蘇格蘭人的幽默嗎？

他又說原來樂加維林、卡爾里拉（Caol Ila）、布納哈本（Bunnahabhain）三家酒廠的酒廠經理都是高中同班同學，同學聚會時一起吃飯，他們會帶自家酒廠的酒去喝，常常趁其他人去上廁所的時候，把別人的酒偷偷倒掉，哈，這當然是葛拉漢的蘇格蘭無俚頭式幽默，不過說真的，因為都是高中同學，所以常常辦聚會，因為當時在艾雷島上沒有一家酒廠是用舊式蟲桶冷凝器（Worm Tub），所以這些酒廠經理的聚會，又稱之為新式柱式冷凝器俱樂部（Condenser Club）。

艾雷島是個水源並不十分充分的小島，來到艾雷島的一個星期，每天都是晴空萬里的好天氣，對於參訪的我，覺得十分幸運，可是葛拉漢說：太好的天氣對泥煤的乾燥是好事，但是對需要大量用水的蒸餾廠來說就不是一件太好的事。一個月不下雨，水源區的水位就會降得很低，兩個月不下雨，就會缺水，酒廠運作就會出了問題。

一般來說，蘇格蘭威士忌還是以調和式威士忌為主流，單一麥芽威士忌是這二十到三十年新興的潮流，所以大部分酒廠都還是要將大部分的產能交給調和式威士忌，很少有例外。樂加維林就是這個例外，身處於國際大集團旗下，可以不受集團產能分配的影響，以高達九十五%單一麥芽威士忌的形式來裝瓶，仍然供不應求，這種強烈泥煤味的威士忌，竟然有這樣的表現，難怪其他蒸餾廠瞠乎其後，不能望其項背。

曾經有一度樂加維林酒廠熟成16年的基本款單一麥芽威士忌供不應求而缺貨，於是改出樂加維林12年原桶強度（cask strength）做為替代品，一樣暢銷無阻。從此可見，這是一家超級巨星級的蒸餾廠。接下來就來了解酒廠它頭頂上光環的秘密。

貓頭鷹的守護

要讓一家酒廠發光發亮是需要守護者的，蘇格蘭酒廠從以前為了防止竊盜、老鼠，或是稅務員，出現了許多有趣的守護者，像是雅柏酒廠的狗，像是陀崙特酒廠（Glenturret）的貓……。在樂加維林的參訪，廠長葛拉漢就介紹他們的守護者給我認識。他說上個星期，一位從日本來的貴賓前來參觀，他親自導覽介紹，可是呢～到了蒸餾室他就動都不動，葛拉漢一直口若懸河的介紹，那日本人理都不理，眼睛一直盯著別的地方瞧，正當葛拉漢要為這日本人的無理而惱怒之際，才發現他一直好奇的盯著懸樑上的貓頭鷹，原來他的注意力被守護者吸引走了。

那時日本人對這些貓頭鷹如此安分的守護著酒廠，大惑不解。當場我也心有疑竇，葛拉漢像是公佈答案的魔術師說，這些貓頭鷹都是假的，許多人都會誤以為真的，老鼠也應該會吧。這種蘇格蘭式的幽默令人錯愕，原來這個酒廠的守護者是幾隻黏在天花樑上的假貓頭鷹。

不過在前往樂加維林酒廠參訪的路上，我倒是有遇見心目中酒廠真正的守護者。因為艾雷島實在太小，所以來這裡沒多久，我就學會主動與每個人打招呼交朋友，這個島裡，幾乎大家都認識彼此，陌生人還是要主動的入境隨俗。

我在半路上搭訕了一位老先生，名叫安格斯，看上去七、八十歲，頭髮發白，行動遲緩，不過一交談起來那旺盛的精力與熱情，和闌珊的步履實在差很多，這位在樂加維林工作三十七年才退休的安格斯，身上還穿著繡著酒廠名字的衣服，一講起酒廠的歷史，就口若懸河，死抓著我的車門不放，講個沒完，他那講到威士忌就重新發光的眼神，會讓人懷疑他突然年輕了好幾歲。

這些像安格斯這樣的人，在一家酒廠百年的歷史之中，才是我心目中，酒廠真正的守護者。

除了貓頭鷹冥冥中的守護，這家超級巨星酒廠，是用什麼樣的製酒技術，讓眾人為之傾倒臣服呢？

王者的秘密

葛拉漢廠長坦承，樂加維林蒸餾廠所用的麥芽和卡爾里拉一模一樣，沒有什麼特別之處。可是所做出來的威士忌，卻有個性上非常大的差別，是哪裡的不同呢？有三個特殊的關鍵是酒廠引以為傲的酒廠風格來源：

一、發酵的過程：

在樂加維林酒廠之中，拿來做發酵的發酵槽（Washback）有十個，在目前大部分酒廠改成不鏽鋼槽的發酵，這裡卻堅持用蘇格蘭的落葉松（Larch），來打造出發酵的木桶，每一桶的發酵時間在週間以及週末分別為八十個小時與一百二十個小時，在第五十五個小時之時會另外放入液狀的酵母，這個特別的動作，會讓初期的酒醪，產生出特殊的風味。

二、蒸餾的技術：

一般來說，酒廠做二次蒸餾，分為初餾器以及再餾器，做兩段式蒸餾。初餾器的形狀大小通常會大於再餾器，這是常識，也是一般的法則。樂加維林非常特別的是，它的再餾器（Spirit Still）明顯地大於初餾器（Wash Still），巨型梨狀的蒸餾器，以及向下斜度非常大的懸臂，擺明了要萃取強壯而濃郁的新酒，初餾五個小時，再餾卻長達十個半小時，這十個半小時中，前五十分鐘當酒頭去掉，中間取了四個半小時，之後的五個小時多就當作酒尾去掉。從萃取的部位上來看，很明顯酒廠強勁的體魄，就從此確立下來。

三、橡木桶的使用：

樂加維林酒廠中使用了九十九．五%的波本桶，他們認為波本桶才能做出酒廠想要的風味，雪莉桶最多拿來畫龍點睛，絕大多數樂加維林酒廠內出產的單一麥芽品項，是純粹波本桶的氣味。有趣的是，酒廠喜歡用波本桶，但是不要波本酒的味道，換言之，蘇格蘭人的豪邁氣味，並不想參入美國人的粗魯性格。所以樂加維林常規款的單一麥芽威士忌，只用 2nd filled 桶（二次裝填桶），而不用 1st filled 桶（首次裝填桶），首次裝填桶的酒可能包含了太多原來裡面所裝波本酒的風味，他們不要，只用二次裝填桶的威士忌原酒，當作酒廠風格來裝瓶。

這些吹毛求疵的釀酒技術，只是為了守護住酒廠的風格，守護住百年的傳承，守護住引以為傲的蘇格蘭精神，相信喝下樂加維林的單一麥芽威士忌的瞬間，這些神秘的力量，就會透過酒，告知您身上每一個細胞。或許這就是這家超級巨星酒廠頂上光環的來源吧。

我生命中的第四使徒

響（Hibiki）30年——智慧

說實話我並不是一個特別喜歡老酒的人，通常十到十八年的威士忌讓人感受到麥芽酒充分的活力，是最吸引人的年份，再老一些的威士忌常顯得老氣沉沉，過多的橡木桶陳年雖然讓威士忌喝起來更順口，然而失去了麥芽酒特色的老酒，就像是抹了過多胭脂的美女，讓人覺得不真實，威士忌中麥芽酒與橡木桶的平衡是種智慧，也是生命的體現。

第一次喝到響30年這支酒時，是在日本京都的一家專業酒吧，如果不是當時三得利總經理請我喝，我是絕對不會在酒吧中點這種又貴又老的威士忌。響系列是三得利集團調和式威士忌的終極之作，響30年連續三年拿到國際調和威士忌最高榮譽的評鑑，這樣熟成三十年以上的威士忌到底是什麼味道呢？

我非常欣賞吳大猷先生，還記得多年前看過一篇文章，談到吳大猷先生對數學的熱愛，在退休的生活中，他仍然很有活力地過著他的每一天，每天他都會把過去演算過的微積分，一本本重新拿出來再演算，品嚐數學世界中探索不盡的奧秘，他的生命永遠處在新鮮的狀態，永不停止地探求與智慧的成長。這就是我對響30年的感受。

響30年在口腔當中綻放的深邃魅力，一層又一層，一波接著一波，歲月增加了它的圓融還有那深不可測的智慧。

東方的禪意

日本三得利（Suntory）公司在一九二三年建立了日本第一家威士忌蒸餾廠山崎（Yamazaki），也開創了日本成為世界威士忌五大產區之一，起初山崎酒廠開始創建之時希望可以製造出蘇格蘭風味的威士忌，移植一樣的銅製蒸餾器，進口的麥芽，標準蘇格蘭風格的重泥煤，這支第一砲威士忌稱之為「白札」，在日本一推出就慘遭滑鐵盧，

泥煤風格對於喜歡用威士忌佐清淡風格日本菜的日本人，簡直就是破壞食物風格的殺手，賣得不好讓三得利痛定思痛，重新出產低泥煤味、清淡宜人且適合佐餐的「角瓶」，並發展出以一比二的加水法稀釋威士忌的水割喝法，來切入日本人習慣在餐桌上用酒的市場，漸漸也成為日本威士忌的口感主流。

日本人在電視節目「電視冠軍」裡面對不同事物的深入程度令人咋舌，相同的山崎蒸餾廠對於威士忌製作過程細節的深入有著民族性的堅持，山崎酒廠研究威士忌發酵用的酵母菌超過三千種，成為世界首屈一指的酵母實驗室。堅持連蘇格蘭蒸餾廠都很少見的木製發酵槽，使用日本百大名水來供水，最令人讚嘆的是，為了得到不同類型蒸餾的新酒，山崎擁有各式各樣不同形狀的蒸餾器，環肥燕瘦、風姿百態，與蘇格蘭人堅持酒廠單一的蒸餾器型式大不相同。

山崎酒廠不只用大部分蘇格蘭威士忌所用的波本桶以及雪莉桶陳年，還用了產於當地的一種特殊橡木——水楢木，三得利號稱這是獨一無二的。什麼是水楢？水楢是來自日本的橡木，它與一般來自歐洲或美洲的橡木最大的不同，在於陳年後產生的香氣十分的特別，威士忌在水楢桶中熟成超過二十年有種檀香的味道，非常優雅，日本人稱這種香氣叫「伽羅」，通常在日本的寺廟中不時會傳來陣陣的伽羅香，這種美妙清幽的香氣，會讓人在飲用中感受到東方的禪意。

好的東西是需花時間等待的，那美好的東方禪也需至少在二十年後的橡木桶陳年方始展現出來，所以高年份的日本水楢桶威士忌有著濃濃的禪味，當口中的威士忌綻放出了伽羅香的同時，那藏在深山林中的日本酒廠似乎遠遠的傳來了一百零八聲的鐘響。

威士忌實驗室

去參觀過山崎蒸餾廠的人，會對其琳瑯滿目、不同形狀的十二只蒸餾器搞得暈頭轉向，外行人會覺得亂得不得了，怎麼不像蘇格蘭酒廠一樣，每一只蒸餾器都應該長得差不多？酒廠的蒸餾器不只形狀不同，還分成蒸汽加熱法以及直接加熱法，更特別的是山崎擁有一個舉世無雙的酵母實驗室，去過蘇格蘭就會知道，蘇格蘭人在威士忌的釀製過程酵母大多分成蒸餾廠酵母與啤酒酵母，山崎卻搞出三千種不同酵母的研究，甚至發明「飢餓酵母」的導入，將酵母菌放在貧瘠的環境中，像人一樣，學著在貧瘠的環境中力

爭上游，因此在發酵的過程，能製造出更豐富的氣味。

還沒完，一般蒸餾廠對其旗下的威士忌都有其麥芽泥煤燻烤比例的設定，山崎則做了不同比例的麥芽燻烤拿來當作原料，從 0ppm 到 40ppm 都有。還沒完，山崎麥芽汁的發酵槽（Washback）也不簡單，分成八座是木桶發酵槽，九座是不鏽鋼發酵槽，這兩款不同的發酵槽的發酵時間也不同，木桶是七十二小時，不鏽鋼是六十五小時，並且在一般的酵母菌發酵外，發現了乳酸菌發酵，引入傳統清酒釀造時對乳酸菌的控制技巧，製造出更多的花果香。

所以說山崎蒸餾廠根本就是個實驗室。

山崎蒸餾廠把這麼多複雜的流程詳加統合控管，在過去的歲月中，三得利的兩家蒸餾廠山崎和白州（Hakushu）做出了超過一百種以上的新酒，加上知多穀類威士忌酒廠，這些豐碩的成果展現在其旗艦酒款：「響」威士忌的調和之中。

假設在蘇格蘭每一家蒸餾廠生產一種自家風格的新酒，在蘇格蘭現在約莫一百四十家的蒸餾廠，可生產一百四十種的新酒，而這一百四十種不同的新酒，各家酒廠之間可以彼此交換，蘇格蘭調和威士忌的豐富及美麗，就是由這些多種型態及要素的麥芽新酒所組合出來的，而三得利早就掌握了這個秘密，嘗試著用一個集團之力，做出整個蘇格蘭一樣多數量的麥芽新酒，並且有計劃的完成，這一切都是秉持著日本人一貫嚴格的精神，精密計劃而來的啊。

在短時間之內有計劃的用兩家蒸餾廠，達成蘇格蘭一百四十家蒸餾廠的所累積出來的豐富個性，壯哉。在品質上也得到全世界的認同，偉哉。這樣充滿國際觀，並深入其他民族文化，萃取文化的精神，是威士忌世界裡偉大的成就。

我生命中的第五使徒

高原騎士（Highland Park）25年——自由

高原騎士（Highland Park）不像麥卡倫（Macallan）是一部招搖而過的勞斯萊斯，全世界各地總有一些默默著喜歡著它的老饕，對世界知名已逝的酒評家麥可傑克森（Michael Jackson）而言這是適合在晚上燃一根雪茄，或是睡前拿一本杜斯托也夫斯基搭配著的好威士忌。如果有人要在蘇格蘭所有的酒廠中，找一支最具特色的蘇格蘭威士忌，顯然非高原騎士莫屬，因為它擁有蘇格蘭威士忌所有好的必要特色：足夠的麥芽香、柔順可口、尾韻悠長、飽滿的酒體，回甘無窮。更重要的是蘇格蘭威士忌的煙燻味，高原騎士還有自成一格的美麗石楠花蜜香氣，在那煙燻味的裊繞中，像是攀之而上的神龍。

高原騎士二十五年是我收藏的第一支威士忌，沒有市場過譽的稱讚，談不上流行這件事，就像是一個不受拘束的騎士，自在的做自己，只有慧眼的伯樂，才懂得在自己的生命中留下一塊空間，讓它自在地馳騁。

巨石文明的酒鄉

奧克尼群島（Orkney）位在蘇格蘭東北角，於北海與大西洋的交接口，這個高緯度群島一向濕冷，風狂物資稀，有七十多個小島集合，只有十六個島有住人。兩萬多的人口主要群聚在兩個大島上，而所謂的大也沒很大，地勢高也不高，沒有山丘，大多在一千英呎以下，到處是矮叢與滾石，海岸隨著海水日夜沖刷後的陡峭岩壁滿目可見。

奧克尼島的名字來源古老，西元前在北海捕魚的古斯堪地那維亞人給了「Orkneyjar」這個稱呼，意思是「海豹群島」，幾世紀演變下來成為如今的奧克尼，島上到目前為止都還持續著自己特有的北海方言。

最早到奧克尼島的應該是北歐的遊牧民族，但到底多早，到目前為止很難判定，只知道大概有九百五十年的時間，也就是從西元八百年到西元一千七百年左右，奧克尼島上說的土話都還是古斯堪地那維亞語。像是島上首府 Kirkwall，應該是從古斯堪地那維亞語中的 Kirkjuvagr 而來，意思是「教堂海灣」，而市鎮中確實有個美麗的大教堂。

寒冷的冬天對於奧克尼島來說，是那種不能太認真工作的季節，相對於六月的夏至日有十八個小時的日照時間，十二月份的冬至日時，太陽要到九點以後才會探頭出來，而六個小時後日落，天就黑了。居民喜歡在這個時候聚集在火爐前聊天，說故事或是彈奏音樂，似乎五千多年以前他們就在過這樣的生活了。

奧克尼島有許多的史前巨石文化，史當耐斯的立石（The standing stones of Stenness），史前的古老立石，三大一小矗立在島上，大約六公尺高左右，是島上最高的立石，原來應該有十二個團團排列，據說可以追溯到西元前三千年。在文獻紀錄上，史當耐斯的立石在十九世紀就是有名的月亮神殿，直到一八四一年仍存在祭祀的目的。

奧克尼島上的首府克威爾（Kirkwall），在天氣好的時候不僅會聞到海水味，一股股的麥香味也會在空氣中飄著，這正是島上的傳統酒廠在製造威士忌。高原騎士（Highland Park）蒸餾廠正是座落在這裡。島上的婚喪喜慶中，威士忌一直是少不了的重頭大戲，而且是在一出生就要開始受訓，第一口的威士忌通常來自於親朋好友為了祝福所帶去的威士忌，傳統上還希望可以用銀湯匙來餵新生兒的第一口，以確保這孩子日後的幸福富裕。

▲在奧克尼島挖泥煤。

北緯五十九度的神諭

位於北緯五十八．六度的高原騎士（Highland Park）過去是全蘇格蘭最北的蒸餾廠，也曾經是全世界最北方的蒸餾廠。在這個充滿神秘的古代歷史遺蹟的小島，寒冷又物稀，到底藏著什麼樣釀製威士忌的神秘手段？可以讓威士忌世界兩個品味風格迴異的評分作者：麥可傑克森（Michael Jackson）和吉姆莫瑞（Jim Murray）同時給出超高的評價？到底上帝在創世紀時，留給這個小島什麼樣珍貴的資源呢？

這個以岩石為主組成的小島，島上植物低矮，沒有什麼高聳的地形，也沒有成片的森林來擋住從海上颳過來的陣陣強風，而島上種植的大麥也不適合拿來製造威士忌。聽起來在此處製造威士忌根本是個錯誤？不然。為何？古老的地形雖沒有豐饒的土地，卻留下完美而特殊的苔蘚類泥煤，拿歐克尼島的侯碧斯特丘（Hobbister Hill）出產的泥煤，用來燻烤大麥，加上雪莉桶的陳年，可以綻放出美麗石楠花蜜味的甜香味。而島上寒冷的天氣，反而成了絕佳的天然木桶陳年所，寒冷氣候的熟成，帶給高原騎士更細緻緊密的酒體，那些因為沒有高山而擋不住的幽靈海風，在島上四處竄遊，苦了農作物，卻因此讓橡木桶裡的威士忌多了絕妙特殊的海島風味。

你說公平的上帝，是愛還是不愛這塊土地？

石楠花蜜的秘密

高原騎士是目前少數幾家仍自己做部分的傳統發麥的蒸餾廠，從本島運來較為適合製酒的大麥，用自家土地的泥煤來燻烤，泥煤來自侯碧斯特丘（Hobbister Hill），一年大

約三百五十噸的開採，通常在四月份開採，然後用整個夏天，讓它自然乾燥，為了泥煤發煙量及能源上的有效運用，高原騎士採取了混合式的泥煤，把Moss、Yarphie、Fog，作不同比例的混合，在當地燻烤出35至40ppm的泥煤風格麥芽，這部份麥芽的產量約二〇%，也是酒廠主要個人風格氣味的麥芽來源。另外八〇%的麥芽就跟高地區的坦杜（Tamdhu Distillery Malting）買麥芽來混合，再拿來發酵及蒸餾，二次蒸餾後以七〇%的酒精度原酒，直接入桶陳年。

喜歡高原騎士的人都知道這支酒與其同公司兄弟廠麥卡倫（Macallan）一樣，都是屬於雪莉桶的風格，新舊桶不同比例的調混，讓其旗下的裝瓶展現不同的性格表現。這幾年來雪莉桶的量急劇減少，成本也大幅提升，但是高原騎士還是維持十五%的新雪莉桶儲陳，對於喜愛雪莉桶風格的威士忌愛好者，這應該是個天大的好消息。

到底石楠花蜜的秘密在那裡？

在於歐克尼島一到了秋天滿山遍野的紫紅色石楠花？在於侯碧斯特丘（Hobbister Hill）泥煤中歷史所沉澱出來的神秘元素？在麥芽新酒於雪莉桶中陳年萃取出的精華？在於那狂放的海風，不羈的四處尋歡，與威士忌交換的呼吸？

自然神奇造化的美麗，你能說那一個不是嗎？

我生命中的第六使徒

泰斯卡（Talisker）10年——熱情

如果飲用威士忌是一種生活的態度，在選擇威士忌的同時，也展現了你的內在性格。如果一定要我推薦一支威士忌來入門，而且不是坊間流行的媚俗口感，那麼非選泰斯卡十年不可了。這支酒也可能是蘇格蘭史上得過最多大獎的威士忌，它堅持四十五·八％酒精濃度的裝瓶，強烈而燒喉的口感，就像是個性熱情的蘇格蘭人，一見面，就熱情的緊緊擁抱住你。

或許是它長年處於適合搭乘直升機前往的小島，一個人孤零零太久，總是忍不住將它的熱情用最火熱的方式表現出來。

OUDS
E BY THE SEA
PPER SPICE
SMOKE
POWERFUL
PEAT
Chillies
PEPPERY

蓋世奇酒

幾年前有一部片子叫做蓋世奇才（Charles Wilson's War），是一部講冷戰時期美國對阿富汗態度的片子，找了兩位影帝（湯姆．漢克、菲利普．賽摩霍夫曼），一位影后（茱莉亞．蘿勃茲），把這部片子拍得沒有太多值得深思，或是值得娛樂的部分，令人十分失望，不過呢～這部片子有一個最大的價值，就是片中當菲利普．賽摩霍夫曼準備了一支號稱是全世界最好的威士忌給眾議員湯姆漢克時，不知道眼尖的老饕看出來了沒有，那支威士忌就是泰斯卡（Talisker），而且是早期舊版的泰斯卡8年。

從所謂的冷戰時期，一直到現在，泰斯卡幾乎被許多的威士忌專家譽為全世界最好的威士忌之一，國際大賞上每年得獎，迷人又獨一無二的海島風味威士忌。雖然它的產量不小，可是國際市場上一向供不應求。

泰斯卡是一家極好的酒廠，它獨自一人躲在蘇格蘭西北角的斯凱島上，離群索居，他卻用酒廠極端優秀的本質，影響著帝亞吉歐集團調和威士忌的特色，也讓全世界的老饕目不轉睛地盯著他本身單一麥芽威士忌所散發出來的光芒。

泰斯卡酒廠於一八三〇年創立，當時從事三次蒸餾。一九二八年做了一個重大的變更，從原來的三次蒸餾法，換成了二次蒸餾法。一九六〇年十一月二十二日發生大火，酒廠付之一炬。一九六二年仿製過去酒廠的蒸餾器，重新設定了五只蒸餾器的規模，兩只初餾器，三只再餾器，讓酒廠重新開幕。

一九八八年帝亞吉歐集團發表經典麥芽酒系列（Classic Malts），泰斯卡10年是其中之一，開始了泰斯卡的得獎不完之路。

一九八八年更新一個新的醣化槽（Mashtun），以及更新五個新的蟲桶冷凝器（Worm

Tubs）。這五個全新製作的木槽式老式蟲桶冷凝器，不隨著時代而變更，不隨便改變成一般柱式冷凝器，目的就是為了保持住它獨一無二的特色風味。因為泰斯卡酒廠的味道，對其集團來說太重要了。

調和威士忌的烈火情人

為何泰斯卡有五只蒸餾器，以單一麥芽威士忌裝瓶的產量卻供不應求？原因是原來泰斯卡蒸餾廠的生產有九〇％是拿去做為調和式威士忌的裝瓶，十％做為單一麥芽威士忌的裝瓶。明明單一麥芽威士忌供不應求，卻拿出這麼高的比例去做調和式威士忌呢？

泰斯卡酒廠的新酒有太特別的氣味了，作為約翰走路（Johnnie Walker）的基酒，整個帝亞吉歐集團如果在調和威士忌之中少了這個味道，精彩度將大打折扣。因為：

一、以二〇〇六年的數據來說，全世界賣的最好的調和式威士忌就是約翰走路紅牌，其主要基酒就是泰斯卡。

二、約翰走路黑牌中用了四十種以上不同的威士忌原酒調混，其中高雅的味道就來自泰斯卡。

三、過去聲名大噪的約翰走路綠牌的純麥威士忌，泥煤的氣味來自卡爾里拉（Caol Ila），風格來自林克伍德（Linkwood），超過二分之一主要的氣味來自克萊格摩（Cragganmore），讓綠牌口感強勁的來源就是泰斯卡。

四、約翰走路金牌的主要基酒是暱稱「小貓」的克萊尼利基（Clynelish），而讓金牌風格突出的就是其中的泰斯卡。

五、約翰走路藍牌的泥煤味主要來源還是卡爾里拉，但是它迷人的煙燻味就是來自泰斯卡。

泰斯卡擁有風格獨具的明星特質卻仍大方熱愛交朋友，到每個地方都大受歡迎，因此約翰走路調和威士忌少不了它獨一無二迷人的氣味，也是泰斯卡原酒百分之九十拿去做調和式威士忌的根本理由，少了泰斯卡的美妙氣味與之相調和，或許約翰走路的高雅氣味就不見了，銷售量或許就少了一半，集團根本不敢冒如此的風險。

特殊的林恩臂蒸餾

酒廠設定泰斯卡的基本風味叫做香料味（Spices），胡椒味（Pepper），濃烈的火燒（Fire），這麼複雜的氣味我簡稱它為烈火情人。泰斯卡如此特別的氣味從何而來？

一、泥煤濃度：

自從一九七二年以來泰斯卡酒廠不再自行發麥，便交由格蘭歐德（Glen Ord）的發麥廠來發麥，這樣的品質控制較為穩定，跳脫過去像是家庭手工一般的泥煤烘烤，早期泥煤的使用是當地居民隨手可及的家庭用品，泥煤通常拿來燒水煮飯取暖。

目前泰斯卡酒廠的泥煤燻烤度約為18至20ppm，發好的麥芽會先以瓦斯烘乾，再用泥煤烘烤，將麥芽的濕度降至五%以下，發麥芽這件事，以及泥煤濃度這件事，泰斯卡酒廠選擇用新式作法的精準度，取代老式家庭手工的做法。

在泰斯卡酒廠有另一件事也是新式取代老式，一九九八年一個新的不鏽鋼萊特式醣化槽，取代了舊式的鑄鐵醣化槽，這件事讓酒廠將醣化的時間從十個小時縮短為五個小時。

這兩樣新式的改變會讓這家酒廠成為不傳統的蘇格蘭蒸餾廠嗎？不會的。這兩樣的改變讓後續傳統化的堅持，成為可能性的基礎。

二、木桶發酵槽：

蘇格蘭剩下沒太多家酒廠，仍然使用舊式的木桶發酵槽，木桶發酵槽不像不鏽鋼發酵槽一樣易於清洗，發酵時間也長，那麼，這個東西應該也換成新的，才比較好，不是嗎？

泰斯卡酒廠深知發酵的過程，決定了香料味（Spices）的產生，所以這個部分就是應該堅持傳統的部分。木槽發酵槽可以在酵母菌發酵結束之後，產生一段較短暫的乳酸菌發酵，這也是木槽發酵的時間較長的理由，因乳酸菌發酵所產生特殊風味消耗的時間，可是省不得呀～

目前泰斯卡酒廠有六個奧勒岡松木製造的發酵槽，提供出酒廠香料味（Spices）的酒廠風格。

三、U型林恩臂＋特殊回流管：

泰斯卡蒸餾廠有兩只初餾器（Wash still），三只再餾器（Spirit still）這是非常特殊的配置，會有如此特殊的配置，緣由於泰斯卡蒸餾廠本來從事的是三次蒸餾，後來才改成二次蒸餾。知道酒廠歷史的好處，除了知道它特殊蒸餾器配置的由來，也可以因此知道它特殊U型林恩臂配置的目的。

蘇格蘭人是非常重視傳承的民族，一九二八年原來從事三次蒸餾的泰斯卡蒸餾廠後來轉化成二次蒸餾，但是原來的味道不能失去啊～就算是一九六〇年酒廠在大火中付之一

▲斯凱島 Talisker 酒廠著名的 U 型林恩臂。

炬，重新製作蒸餾器時，仍仿造原來的蒸餾器形式，而特殊的U型林恩臂設計讓酒精蒸汽的移動困難重重，再加上回流管，以及沸騰球（Reflux Bowl）的設計，讓滯留在U型林恩臂大量的酒液，迴流回蒸餾器當中再重新蒸餾，這樣的設計架設在兩只初餾機上，讓第一次蒸餾就有兩次蒸餾的效應，加上再餾，幾乎有三次蒸餾的效果，也讓新的配置不會失去過去泰斯卡酒廠味道的傳承。

四、木槽蟲桶冷凝法：

五只蒸餾器全都是用木槽式的蟲桶冷凝，一九九八年更新設備時，這種會讓酒廠產生特殊胡椒味（Pepper）的傳統冷凝法，仍然沒有換掉，這也是泰斯卡酒廠酒質厚實的其中一個理由。

五、高比例的酒心萃取：

泰斯卡酒廠花了兩個半小時取酒心，酒心取的範圍很廣，從酒精度七十三度取到

六十三度，許多人聽到這個消息都會質疑？酒心取的比較少，範圍比較小，表示萃取精華中的精華，應該比較好不是嗎？這是錯誤的觀念。事實是取酒心的範圍的多寡，為了取出酒廠特定的味道，與好壞無關，酒心的範圍取的比較廣，不代表味道不好，酒心取的多造成的結果是：新酒的風格比較複雜。

六、不同桶子的混調：

泰斯卡酒廠基本上以波本桶陳年為主，為了讓酒廠的複雜風格得以完美表現，泰斯卡10年選擇了四十五．八%的酒精度裝瓶，更重要的是，就像法國頂級的葡萄酒一樣，泰斯卡用了五種不同新舊裝填（Refilled）的桶子，將所陳年出來的威士忌混調。讓複雜的美感更加的變化萬千。無怪乎，泰斯卡十年幾乎每年都是蘇格蘭威士忌競賽的常勝軍。

再回到泰斯卡酒廠歷史的軌跡。當酒廠剛在斯凱島興建之時，人們拿來食用的大麥一直送進酒廠，卻看不到什麼東西運出來，像是一隻吃大麥的怪獸，初始當地的住民將其視之為惡靈降臨，為了滿足當地人的宗教信仰，能接受酒廠的興建，酒廠最多只能生產五天，週末一定要休息，這個習慣沿襲至今。所以就算是產量不足，也是一樣要休假。

傳統的堅持和沿襲，或許外行人看起來有些冥頑不化，但是這些歷史的冥頑不化，意外的發展出乳酸菌發酵，蟲桶的可調式冷凝，泥煤的獨特風味……，或許這些冥頑不化，才是蘇格蘭威士忌歷史中最令人感動的細節呢。

我生命中的第七使徒

格蘭利威（The Glenlivet）18年——記憶

小時候農曆過年的時候，母親都會到花市去買許多應景的花材，有雛菊、水仙、梅枝、銀柳、夜來香，把家裡的每個角落打扮得跟平常不一樣，似乎一到了春節，家裡就像是到了春天，被花朵妝扮得五顏六色了起來。我從小生長在家教非常嚴格的家庭，也只有到了過年守歲這個理由，小孩子被放任九點以後可以不需上床，參與熬夜這個禁忌的行為。

當時記憶最深的是夜來花香，白天並不特別，一到了晚上夜來香就綻放開來，發出濃濃的花香，那特別而濃郁的花香，在我的記憶中深深的烙印著，跟過年的歡樂，還有突破禁忌這件事，深深地聯繫在一起。我習慣在凌晨十二點等待零時放鞭炮的習俗時，趴在插著夜來香花器的桌子旁邊，享受著一年一度屬於我自己的心靈出軌。

格蘭利威18年獨一無二的夜來花香，把我塵封已久的兒時記憶，一下子全都喚醒了回來。特別的是，它那美麗的夜來花香在冬夜裡喝起來格外地清楚，夏天襖熱的氣候，像是不應景的，它就收起了盛開的模樣，少了些許的美麗。誰說威士忌沒有變化，仔細聆聽每一隻威士忌的故事，它們將偷偷挖出你心中深藏的記憶。

蘇格蘭威士忌的標準

二〇〇八年的年底，我前往位於斯貝區的格蘭利威酒廠（The Glenlivet）參觀，整個蒸餾廠園區正在大興土木，二〇〇一年加入全世界第二大烈酒集團保樂力加的格蘭利威，正大舉的開疆擴土，準備在二〇一六年成為全世界第一大產量的威士忌蒸餾廠。下著雪的蘇格蘭冬季，工人們仍然不辭辛勞地埋頭整建廠區，準備一舉將格蘭利威重新推到世界的頂峰，回到一八二四年時往日的榮耀。

格蘭利威酒廠在一八二四年拿到全蘇格蘭第一家合法的蒸餾廠執照，當時的它就是所有蘇格蘭威士忌中的夢幻逸品，也是所有蘇格蘭威士忌酒廠學習及仿製的目標，二〇〇五年台灣第一家威士忌蒸餾廠——金車噶瑪蘭酒廠，開始創建，用的也是拷貝格蘭利威蒸餾器的形式，希望能做出一樣細緻甜美又充滿花香的好味道。

採用硬水的格蘭利威，因為水中含有更多的礦物質，在醣化、發酵、蒸餾之中，酒汁默默地與這些水中的微量元素，做出不知名的融合，因此造就了酒廠難以言喻的美麗花香風格。這家在二百年前建立了整個蘇格蘭威士忌標準的酒廠，固執的守著二百年的風格，如今進入全新的二十一世紀，格蘭利威的動作也悄悄的大了起來，當退去守舊的外衣，讓二百年前的美麗用全新的方式面市，未來仍會成為世界威士忌的標準嗎？值得拭目以待。

學習古老的威士忌技術

在格蘭利威的斯貝區高地，我曾做過一件瘋狂的事，在下著雪的蘇格蘭高地，我和幾位朋友拿了古老私釀時期的蒸餾器設備，在這個私酒走私者的發源地，仿製二百年前的製酒行為，偷偷的蒸餾了一批威士忌。這批親手製作的私酒，我藏了一點在我的私人酒窖，等我的女兒長大，再告訴她們老爸曾經在蘇格蘭高地做過的瘋狂舉動。

現代的威士忌設備幾乎都電腦化，也巨大的不得了，很難想像古老的年代，人們揹著簡單的設備，在斯貝區的森林中，東躲西藏，與稅務官員大玩捉迷藏，不過根據歷史的傳說，一些善良的稅務官員，也不忍心找那些貧苦農夫們的麻煩，可以想見在無人的森林中，稅務官員與農民端著古老透明的威士忌把酒言歡。

Whisky Museum
Ben Rinnes 5 Miles
St. Michael's Scottish
Episcopal Church
Glenfiddich Visitors
Centre
Balvenie Castle
Mortlach Kirk
Memorial Hall
Car Park & Toilets
British Legion

古老的蒸餾器大小大概是及膝的高度，可以隨時背著帶走，也可以拿來雪地裡煮水或烹煮食物，只要另外接上一段環狀的老式蟲管，充作冷凝的作用，就可以拿來蒸餾了。因此逃避稅務官員時，蒸餾器不是隱藏的重點，幾個人當中最機靈的、腳程最快的人，要負責運送蟲管逃跑，因為長得很特別一圈圈環狀的蟲管就是私餾威士忌的鐵證。

我們幾個人各自分配運水，運送蒸餾器，運送一小桶的酒醪，以及運送蟲管，女性們找柴火，就在零下二度的天氣下在雪地裡生起火來。火力大小的控制真是不簡單的事，火不夠大，天氣又太冷，臉都凍僵了，只好趁別人不注意時，手摸著蒸餾器的上緣取暖，好不容易見到兩滴威士忌心不甘情不願的滴出來，眾人無不歡欣鼓舞。花了一整個下午，還弄不到一個晚上就喝掉威士忌的量。哈~學到最多的是飲酒思源這件事啊。

經過了自己私釀威士忌事件後，深刻地覺得現在我們以為理所當然的東西，包含了多少古人智慧的結晶和傳承，這些事情容易被淡忘，特別在這個實事求是的資本社會，生命中最深沉的感動被異化成了價格、年份、分數這些數字，怎麼知道原來生命的感動只是最簡單記憶中的夜來花香呢？

我生命中的第八使徒

皇家藍勳（Royal Lochnagar）精選（Selected reserve）——沉默

老實說你要我說明這支酒有多好喝，實在不容易，因為它沒有用強烈花枝招展的氣味來招攬威士忌愛好者，也沒有深邃的酒色吸睛，皇家藍勳酒廠雖然是雪莉桶熟成專家，但是它也沒有把雪莉桶熟成濃到像醬油一樣的深顏色，或是風格弄到舉世皆知的獨門，細緻柔順的口感也不是要激起你迸發出熱情來愛上它，酒廠極少量生產也不需要為了擴展市場而逢迎拍馬。一百五十年前掛上了皇家（Royal）的稱號，似乎就註定了它就像英國皇室的命運，低調而高雅地活著。

皇家藍勳最特別的地方是看不到的，它最特別之處在於用艱深的製酒技法默默地守住一百五十年前的氣味，而這個氣味不招搖，不特異，低調的只滿足少數與它心有靈犀的心靈伴侶。

皇家藍勳精選這支單一麥芽威士忌能見度不高，酒廠其他裝瓶的品項也不多，不過我每一次喝到皇家藍勳威士忌時，都可以感受到酒中流動著一股淡淡的茉莉花香。在西方人來說，茉莉花香是一種神祕又高貴的東方味道。

皇室的榮耀

皇家藍勳（Royal Lochnagar）這是一家非常特別的一家酒廠，非常少量的生產，非常農莊式的手工製作，非常舊式的傳統製作設備，非常古老的皇家巡禮的榮耀。二〇〇七年去參觀過這家酒廠，一直令人難忘，這是一家有趣的酒廠，酒廠用著非常古老而傳統的方式少量製酒，當時負責酒廠的經理唐納（Donald Renwick），卻是擁有這家酒廠的帝亞吉歐集團裡，最優秀的人才。

皇家藍勳不是集團中大量生產的旗艦酒廠，卻是蘇格蘭威士忌製酒文化傳承的知識寶庫，這家酒廠保留了沒被電腦化、沒被設定大量生產的，傳統威士忌生產的每一個細部及環節，這家酒廠所製作出的酒，從來沒有想要跟上流行，然而，帝亞吉歐集團中操作流行商品的每一位旗手，都要親身來到這裡接受完整的訓練。將威士忌傳承中真正的本質，種到每一位旗手的靈魂裡。

建立於一八四五年的皇家藍勳酒廠是一個可以追溯到十二世紀的古老家族所擁有，直到目前還是，因此在帝亞吉歐集團所擁有的二十八家蒸餾廠之中，它是唯一一家不是集團全權所擁有的酒廠，土地及房子是古老家族所有，蒸餾廠設備屬於帝亞吉歐所有，這是一個特殊的現象。

酒廠的創立者約翰（John Begg）是個相當聰明的人，酒廠的所在地就在維多利亞女王渡假領地的旁邊，在一八四八年，針對維多利亞女王的老公亞伯特對機械工藝之類有著狂熱，邀請他們來剛成立的酒廠來參觀，王族全家來參觀酒廠並試酒，造就了酒廠日後

在名字前冠上了——Royal（皇家）這個名字。全蘇格蘭也只有三家酒廠有資格冠上皇家這個稱號（目前僅存兩家）。

酒廠參觀時，酒廠經理唐納開玩笑說，英國查爾斯王子的領地就在附近，打通電話，請他過來一起午餐喝酒。可見位於高地區的皇家藍勳蒸餾廠處在一個風景極端優美的皇家渡假勝地環伺。

酒廠裡還留著當時維多利亞女王與亞伯特王公一起品酒時，所坐過的那張骨董椅子，有機會來酒廠一定要坐一坐。

除了保有皇室認可的古老傳承，這裡的威士忌也有古老的傳統嗎？

這個答案是肯定的。皇家藍勳蒸餾廠擁有一座非常稀有的開放式醣化槽，整座醣化槽沒有蓋子，是完全開放在空氣當中，這種古老的設備在蘇格蘭已經很少見了，正因為設備的古老，所以只能用最好的麥子，才能有好的表現，醣化槽也必須加四次熱水，比一般現代的醣化槽加三次水多一次。而且一星期只能做四次醣化，剩下的時間要休息，這樣才能保住酒廠新酒特質的青草味。

與酒廠經理唐納聊天時，他神祕地拿出口袋錢包裡一頁秘密的紙張，慎重地說，集團之中二十八家蒸餾廠酒廠新酒特質的設定秘密，就在這一張紙上，這些酒廠風格氣味的設定，許多早在一百多年前就已經確定了下來。

很多老饕親眼看到皇家藍勳酒廠這麼小型的蒸餾器，都驚呼不已，完全不敢置信，這麼小型的蒸餾器，可以做出如此細緻、不粗糙的新酒特質，這一對應該做出濃郁新酒的蒸餾器，卻把細緻的酒質發揮得淋漓盡致。

無怪乎這家酒廠是整個集團中，技術最精湛、知識最豐富的酒廠經理派駐所。他們的威士忌的製作完全傳統而古老，不用電腦機器設備，來達成最嚴峻的蒸餾設定要求。除

了開放式的醣化槽，酒廠還有什麼驚人之舉？

一、木槽式發酵槽的長發酵：酒廠一百五十年前所設定蒸餾新酒的青草味，不是皇家藍勳的小型蒸餾器所能輕易達到的，小型的蒸餾器一般容易蒸餾出核果及辛香料味，因此為了達到酒廠設定，一般酒廠僅做五十小時的發酵時間，皇家藍勳做了至少八十小時至多一百二十個小時的長發酵，後期的發酵讓木槽式發酵槽特有的乳酸菌介入，產生更多的青草風味。

二、低水位酒汁的蒸餾設定：蒸餾水位的多寡決定產量，如果加入過多的酒醪進入蒸餾，酒汁與銅蒸餾器的接觸過少，就無法產生精密製程中酒廠所設定的氣味，因此皇家藍勳寧可犧牲產量，用超乎尋常的低水位蒸餾。

三、蒸餾製程設備的長休息：銅對話這件事對皇家藍勳來說太重要了，因此如果不讓蒸餾器休息，持續不斷地蒸餾，酒廠設定的青草味就會不見，反而會跑出硫磺味，一般酒廠運作順利的話，多半會一天二十四小時，一週七天，天天運轉。皇家藍勳一週至少休息三天，休息時將蒸餾器蓋子打開來，讓空氣流入，讓銅恢復生機。

四、高溫水槽的老式蟲桶冷凝器：一樣的觀念，可調式的老式蟲桶冷凝器，目的就是為了用精細的微調，克服環境氣候的改變，取得酒廠不易製作的新酒設定。戶外的高溫水槽，讓泡在其中的銅製蟲管溫度較高，不致把威士忌酒蒸汽一下子就凝結起來，讓酒蒸汽與銅之間有更多的互動。

五、酒汁與銅的長時間對話：明明是會製作出強勁、辛辣、刺激、個性鮮明的威士忌設備，卻因一百五十年前與皇室的一面之緣，為了守住這個榮譽，皇家藍勳就像是沉默的武士，利用長時間的銅對話，內斂住它狂爆的武士本質，默默地守護著，一直到現在。

我生命中的第九使徒

大摩（Dalmore）1973年——忌妒

二〇〇五年大摩酒廠出了一款六十二年的單一麥芽威士忌，這款混合了一八六八年、一八七八年、一九二六年、一九三九年四個不同的超級老年份，僅限量十二瓶，並在一場義賣會上，創下二百一十萬台幣左右的高價，當時創下威士忌歷史以來最高的價錢。也讓大摩酒廠在國際市場的鎂光燈下，風光了好一陣子。

我試過年份最老的威士忌是大摩，我試過最精采的葡萄酒橡木桶熟成也是來自大摩，我最欽佩的首席調酒師也是來自大摩。大摩單一麥芽威士忌種是帶給人一種絲綢般華麗的感受，是蘇格蘭威士忌中最具貴族氣質的氣味與口感的威士忌。

大摩的首席調酒師理查・派特森（Richard Patterson）每一次與他見面，總覺得他有用不完的精力，揮灑不盡的幽默感，更重要的是他那天才般對威士忌香氣的靈敏度，絕對是上帝賜

予的無上恩典。二〇〇九年在威士忌博覽會上有幸與理查先生搭配在舞台上演講，也曾和他在深夜一起抽雪茄聊威士忌，有時候他就像是個天真的小孩，有時候他的深沉魅力就像是個充滿智慧的哲學家。

從來沒有想過在威士忌中可以聞到法國波爾多頂級酒莊完美熟成的葡萄酒香氣，也從沒有想過威士忌的美麗可以跟葡萄酒的氣息如此相契合。在大摩一九七三年這支威士忌中，徹底展現。這支特別的年份酒，採用了特別的木桶來陳年，它採取了來自法國聖艾斯特芬（Saint-Estephe）的上馬布札酒莊（Chateau Haut-Marbuzet），他們的卡本內蘇維翁葡萄品種的紅酒桶來做風味桶，三十三年在橡木桶中的陳年，是稀有的裝瓶。

年輕時看過一部電影叫做《美得過火》，女主角的氣質出眾，美麗動人、身材窕窕、家世顯赫、舉止合宜，簡直是天上仙女下凡，天下男人誰擁有她，誰應該就是世上最幸運的男人，電影的結果，卻是她的丈夫與一個身材臃腫、其貌不揚的女子發生外遇的關係。大摩一九七三年就讓我聯想到這部電影的女主角，那種應只天上有的美麗是會讓人忌妒的。

鹿頭的榮耀

酒廠知名的鹿頭標誌是怎麼來的？

這個十二支角的鹿頭是來自麥肯錫（Mackenzie）家族的傳承。在西元一二六三年，亞歷山大三世困於一隻公鹿鹿角的攻擊之中，麥肯錫家族的祖先是神射手，一箭就解救了危機，國王為了感謝這個拯救，於是送給了這個家族十二支鹿角的臂章，當家族買下大摩酒廠之後，也把這個標幟放在酒瓶上，作為祖先英勇的紀念。這個鹿頭的形象及氣勢，

在瓶身上巍巍而出，像是要在威士忌的世界，逐鹿中原。

大摩酒廠從一九六六年就有八只蒸餾器的規模，除了單一麥芽威士忌的出產，主要供作懷特瑪凱調和式威士忌（Whyte & Mackay）的原酒。八只蒸餾器中，其中有一組還是一八七四年就一直用到現在，號稱是高地區最古老的蒸餾器。不過古老並不是大摩酒廠最為人所津津樂道的，最為特別的是，它擁有全蘇格蘭獨一無二的蒸餾器。如何獨一無二呢？

大摩酒廠有著兩種特殊的蒸餾器形式，兩種不同的蒸餾器形式在蘇格蘭都是獨一無二的。

其中四只蒸餾器不像一般蘇格蘭蒸餾廠有著平滑向上延伸的天鵝頸式，蒸餾器頂端是平的，然後再水平的接出林恩臂，這樣的作法讓新酒有清楚的性格以及豐厚的酒體。

另外四只蒸餾器更是特別，它在蒸餾器的肚子到頸子之間，加裝了一個獨特的水氣環繞裝置（Water Jacket），這個裝置看起來就像是讓脖子加粗了兩倍，目的是透過這個裝置，讓蒸餾器外壁保持冷卻，內壁的酒蒸汽可以更多的迴流，這樣的做法讓新酒更為純淨美麗。

除了製作出純淨而厚實的酒體，為了新酒豐富的層次，大摩的四組蒸餾器中，其中的一組容量為其他三組的兩倍大，較大這組的蒸餾器會製作出香料味及柑橘類的氣味，較小的三組會製作出蘋果及西洋梨的水果氣味，混合之後的新酒，提供了大摩單一麥芽威士忌更多的層次和更複雜的美味。

天才首席調酒師

理查・派特森（Richard Patterson）二十六歲就當上全蘇格蘭最年輕的首席調酒師，是公認天才型的調酒師，長久以來一直為懷特馬凱集團服務，二〇〇七年印度酒集團將懷特馬凱併購了下來，如今又換手到菲律賓集團，老饕們質疑會不會因此影響大摩的品牌特質？懂威士忌的人都知道，跟著理查先生的鼻子走就沒錯了。

一些人誤會單一麥芽威士忌是不需要調和的，以為只有調和威士忌才需要更多的調和技術，其實單一麥芽威士忌和調和威士忌一樣，都需要有首席調酒師精湛的調配藝術。如果你喝過理查先生調和的單一麥芽威士忌，就會知道調和這件事，對單一麥芽威士忌來說是多麼重要。

理查先生對大摩酒廠威士忌的調和設定在複雜而溫軟的奢華感受。在一樣使用雪莉桶的熟成之中，他並不像其他威士忌酒廠的處理，僅僅是讓威士忌在橡木桶裡熟成出特定風格的最大限度，他天馬行空的採用了多種不同的雪莉桶來調和，來達成酒廠的精神：複雜而溫暖以及坦然的奢華感受。不同種類的雪莉桶在不同時間的陳年，會產生各自不同的風格，於是再將其調和在一起，形成極複雜的氣味感受。Matusalem 雪莉桶給予了聖誕布丁中的浸漬柑橘味以及壓碎的杏仁味，Apostoles 雪莉桶給了更多的巧克力、咖啡、榛果的氣味，最後的 Amoroso 雪莉桶給了花香，肉桂香料等特質，這些味道融合在一起，

形成酒廠特質中所需要的豪華感受。最後再將這三種威士忌放進酒廠原來的雪莉桶作數個月的融合，確認這就是理查要的味道再裝瓶。而這些美好的味道會如同理查在他腦中所描繪的意象，在飲者的口腔當中繚繞不已。

理查．派特森也覺得大摩所需要的溫暖感受，不只雪莉桶中找得到，好的紅葡萄酒桶裡也有。卡本內蘇維翁的葡萄酒桶中就提供了完美的平台給威士忌。但是這樣的使用要非常小心翼翼的監看，否則會有因木質的特性造成過多的苦澀味，還有過深的顏色就跑出來了，所以紅酒桶的使用不是一蹴可幾，要不斷地實驗，找到對的時間點，一般來說風味桶陳放幾個月就很足夠了，但是還是要看每一個桶子的差異性。不是每一種雪莉桶或是紅酒桶都是適合威士忌的，一定要十分小心地選擇。

近年來理查推出了一支實驗性極高的作品，令人對於其調和的藝術嘆為觀止－大摩亞歷山大三世紀念酒。它陳年的過程當中用了六種不同的風味桶。其中有卡本內蘇維翁紅酒桶（Cabernet Sauvignon），瑪莎拉桶（Marsala），馬德拉桶（Madeira），特殊波本桶（Small Batch Bourbon），波特桶（Port），雪莉桶（Oloroso Sherry），這是史無前例的作法，這樣風味桶的實驗許多酒廠都在嘗試，有部分失敗，有部分成功，過去還沒有一家可以如此大膽地六種混合實驗，結果是令人激賞的，不愧是理查派特森的大師級作品。這支酒喝起來同時有深沉與明亮的感受，矛盾的感覺卻融合得很好，在杯子中放了一段時間，會出現一個特殊的味道，是台灣人都有過的味覺經驗，那就是豆漿的味道，加上波本桶中碳燒的風味，不就是極品的豆漿，都要有一點燒焦的味道嗎？哈～

對威士忌有收藏興趣的人，判斷一瓶好的威士忌，要先判斷來自哪一家酒廠，因為每一家酒廠所蒸餾出來的酒體都不同，適合陳年的時間也不同，再看這支威士忌的調酒師是誰，一位好的調酒師是用自己的名譽在創造一支威士忌的作品，啊～值得收藏家深思。

我生命中的第十使徒

汀士頓（Deanston）１９９６年——

執著

汀士頓在蘇格蘭是一家年輕的酒廠，也隸屬於一個對於威士忌來說年輕的帝仕德集團，它們在蘇格蘭的總裁到行銷總監到業務總監幾乎都沒超過四十歲，這是一家沒有太多包袱的酒廠。二〇〇八年去參觀酒廠時，喝了他們才剛準備上市的汀士頓一九九六年，不禁愕然，製作這樣的威士忌需要多大的勇氣啊？

明明是百分之百雪莉桶陳年，卻是清淡而不討喜的淡顏色，原因是因為酒廠採用自家生產有機大麥，來自蘇格蘭土生土長的大麥品種，為了讓極品麥芽威士忌的品質不被過多的雪莉桶風味取代，使用了較舊的雪莉橡木桶，像是古老蘇格蘭威士忌應當展現的模樣，強烈的麥芽風格，加上歐洲橡木特有的香料味，非冷凝過濾，不加任何調色，四十六．三%酒精濃度裝瓶，從頭至尾全部使用蒸餾廠用水，所有的水源及熱能全部回收再循環，製作麥芽酒剩下的麥稈渣，拿來製紙做成貼在瓶身的標籤。從大麥產地到酒廠製酒的一貫生產，沒有一家酒廠的環境保護，堅持在地、手工製作、永續經營，做得如此徹底，瓶身上的吊牌上寫著一句話：This is the only artificial colour that gets anywhere near Deanston.

想知道汀士頓一九九六年喝起來是什麼味道嗎？

原始而濃郁的麥芽香氣，不是有一般人喜歡乾淨清爽的花果香。舊雪莉桶萃取出的複雜香料風味，一般人寧可接受重雪莉桶的順口。強烈綿長的後段尾韻，一般人應該會排斥它的舌後根刺激感。尊重酒廠在地的風土，也沒有令老饕炫目的重泥煤奇特風味。那到底誰會喜歡呢？

誰知道呢？我已經為這家酒廠的勇氣感動莫名，你如果不小心看到這支酒，還深深喜歡上它，記得聯絡我，我想跟你做朋友。

汀士頓酒廠的海倫

從格拉斯哥開車一個小時就可以到達汀士頓（Deanston）酒廠，這是一家有古老歷史建築的年輕酒廠，汀士頓廠址最早是一間棉花廠，雇用當地居民為員工，因為高達一千五百人而自成一個小社區，一九六六年才改做蒸餾廠生產威士忌使用。

這是一家環境優美且傳統的蒸餾廠，因為門前就是一條泰絲河，所以酒廠利用泰絲河水力發電，建造了當時全歐洲最大的水車，並以古希臘勇士——海克力士命名，除了供應廠區所需，還將電力回饋供給當地的社區，如今雖然水力發電已經換成了現代發電機，它們仍秉持著過去的傳統不變，仍然供應著當地居民用電所需，除了自給自足，友善分享的觀念，一直深植在酒廠的精神當中。因此這家酒廠生產的威士忌也敦促著自己從這個方向去思考。

因此當大多蘇格蘭酒廠使用來自其他國家的大麥來製酒，汀士頓仍堅持使用傳統的蘇格蘭大麥品種——歐布里吉（Oxbridge），而且只使用生長在蘇格蘭的大麥，這幾年更花費三倍麥子的成本，與鄰近農家契作有機大麥來製作威士忌。保留傳統的攪麥機，製作傳統細緻風味的蘇格蘭威士忌，汀士頓蒸餾廠絕對是一家有想法有堅持的酒廠。

許多蘇格蘭威士忌酒廠都有所謂的吉祥物，所謂酒廠的吉祥物也是酒廠的守護者，蘇格蘭酒廠從以前為了防止竊盜，像是老鼠或是稅務員，出現了許多有趣的守護者，像是雅柏（Ardbeg）的狗，像是陀崙特（Glenturret）的貓，樂加維林（Lagavulin）的貓頭鷹等等。而汀士頓的守護者是什麼呢？

汀士頓蒸餾廠前的河流裡，每天都有一隻鳥，固定的站在河上釣魚，河上剛好有一處可以站立的地方，石頭上只有淺淺的水，那隻鳥每天都站在相同的地方釣魚，練習一輩

渡江，這隻鳥的種類叫作 Heron，發音聽起來就像是「海倫」。

汀士頓酒廠的工作者，每天上班時，經過門前的這條河都會見到海倫引頸等候，中午休息時，也看到海倫仍站在原處癡癡地望著河面，下班了，海倫才依依不捨的跟著大家，飛回自己的窩。所以酒廠從上到下，每一個人都認識海倫，每一個來酒廠拜訪的朋友，也都要認識海倫，海倫天天陪著大家上下班，只差沒打卡和領薪水。所以說海倫是汀士頓酒廠最窩心最盡職的守護者呢。

蘇格蘭雄鹿與台灣老鷹

汀士頓酒廠除了生產單一麥芽威士忌之外，也從事調和威士忌的原酒生產，它的調和威士忌品牌叫做──仕高利達（Scottish Leader），從酒廠的門廳前掛的那隻雄鹿頭，可以想見這應該就是他們的標誌了。在蘇格蘭健壯的雄鹿在高原上奔馳，展現出領袖的氣質，因此雄鹿與領導者之間，有非常強烈的連結，這也是仕高利達這個品牌想要表達的氣質。

在台灣，仕高利達威士忌有不錯的銷售量，市場上能見度頗高，可是長著犄角的雄鹿？這樣的形象讓人感覺很陌生，怎麼回事？記得不是長這個模樣啊～應該是……沒錯，是老鷹。在台灣，是一隻飛翔的老鷹，取代了站在高原上的雄鹿。

為什麼呢？

全世界的仕高利達都是雄鹿標籤，只有台灣是飛翔的老鷹，因為當初這支酒進入台灣市場時，主事的人認為在台灣，鹿這樣的動物並沒有領導者的形象與聯想，老鷹這樣的動物才有領袖的氣質，所以就把這隻傳統的鹿換掉了。換上一隻飛翔的老鷹。

仕高利達威士忌不只標籤換掉，連裡面的酒的風味也換掉了。

在蘇格蘭喝基本款的仕高利達嚇了一大跳，哇～是什麼？美妙而清爽的煙燻泥煤味，這怎麼回事？與台灣版甜美的焦糖布丁味，大相逕庭。原來針對市場的需求，調酒師做了口味的調整，兩支酒喝起來像是兩家不同的品牌。我想能適切地針對市場做調整，讓大眾喜愛，就是調和威士忌的本質及目的。單一麥芽威士忌則是要展現酒廠的原始風格，只需滿足特定的饕客，汀士頓單一麥芽威士忌仍走自己的路。

話說回來，你喜歡煙燻泥煤還是喜愛焦糖布丁呢？

我生命中的第十一使徒

麥卡倫（Macallan）30年——勇氣

三十年前開始研究威士忌時，聽到一個威士忌的故事令我十分著迷。據說有一家威士忌酒廠準備換新蒸餾器，當然在蘇格蘭每一家酒廠都必然遵循過去的歷史，準備一模一樣的新蒸餾器來取代退休的舊蒸餾器。設備更換多年之後，有一天，一位喝這家酒廠的單一麥芽威士忌幾十年的老客戶，寫了一封嚴厲而誠懇的信件給酒廠，說明酒廠所出產的威士忌味道不對了，由於對客戶的尊重，酒廠大張旗鼓地檢討並尋找出味道不對的所在，結果發現，原來酒廠的舊蒸餾器，曾發生窗外飛進一顆石頭，打中了蒸餾器，致使舊蒸餾器上，一直以來都有一個石頭造成的凹槽，更換新蒸餾器時，就沒有這個凹槽了，因為蒸餾器的形狀決定威士忌新酒的風味，所以新酒的風味因此改變，為了挑嘴的客戶，這家酒廠於是在新的蒸餾器上，刻意在原來的位置重新打造出與舊蒸餾器上一模一樣的凹槽，只為了讓一家酒廠的威士忌味道保持百年來不變的傳承。這家傳說中的酒廠就是麥卡倫。

這個讓我感動了好幾年的故事，直到後來才了解原來這只是個美麗而感人的故事行銷，根本沒這回事。不過這個故事為什麼如此讓人信以為真？因為它跟麥卡倫這家酒廠一直強調執著於本位的堅持是一致的觀念。

台灣第一本廣為流傳的威士忌工具書是威士忌大師麥可．傑克森的麥芽威士忌指南（Malt Whisky Companion），麥可那本書把每一支他能弄得到的威士忌都打上分數，特別是麥卡倫這家酒廠的每一支酒，都得到了至高無上的分數。當時麥可是威士忌界最有影響力的人物，他這本書至今也是全世界所有威士忌書賣得最好的一本。回頭過來看當年，當時的我也因為麥可的關係瘋了魔般的喜歡上麥卡倫。我特別喜歡那柔軟細膩、豐富而飽滿的麥卡倫30年，在抽雪茄時像絲綢般完整地包覆著我的舌面，是難以言喻的絕配。那種執著於雪莉橡木桶極致的探究，特別在麥卡倫的老年份長時間熟成的威士忌中展露無遺。若有人問我，蘇格蘭威士忌酒廠當中，誰是雪莉桶之王，肯定是麥卡倫莫屬。

量產的勞斯萊斯

從一八二四年創立到現今，麥卡倫總共用過三個名字。在一八九一年以前它叫做Elchies酒廠，在一八九二到一九八〇年它換成名叫Macallan-Glenlivet酒廠，1980年以後就換成是現在大家所熟知的名稱：Macallan麥卡倫酒廠。

麥卡倫（Macallan）這個酒廠被已逝酒評家麥可．傑克森（Michael Jackson）評為威士忌之中的勞斯萊斯，只能說是至高無上的評價，市場上麥卡倫的銷量也一路向上攀升，從原來的默默無名，到亞洲第一，進而反攻歐洲及美洲市場，成為銷售量及評價都是屬一屬二的頂級酒廠，近年來麥卡倫的國際名聲是酒廠歷史以來最輝煌燦爛的時刻。

不過，麥卡倫目前一年生產的單一麥芽威士忌產量，是蘇格蘭前三大產量的威士忌蒸餾廠，如此大的產量，如何來維持勞斯萊斯所謂完美手工打造的少量精品的品質？

擁有全斯貝區（Speyside）最小蒸餾器的麥卡倫，一直以質精而優為目的，雖然蒸餾器小，但是數量不少，在一九六五年以前就有六只蒸餾器，也是從一九六五年以後持續的擴張，一步步建立成全蘇格蘭第三大的蒸餾廠，一九六五年做了一倍的擴充，蒸餾器從六只擴張到十二只，一九七四年再將蒸餾器由十二只增加至十八只，一九七五年再將十八只增加到二十一只。

這幾年麥卡倫的新廠計畫獨樹一幟，一般來說，蘇格蘭威士忌酒廠的擴廠多半是從蒸餾器的數量下手，只要挪動一些空間，加幾座發酵槽，加幾只蒸餾器，就可以達成擴大生產規模的目的。麥卡倫酒廠的擁有者愛丁頓集團卻決定將原來的舊酒廠原封不動的休

停關廠，當時對未來這些舊設備何去何從也沒有公布任何計畫，而就在舊酒廠旁另外再建造了一座全新的麥卡倫酒廠，由一個十七噸的醣化槽，二十一座不鏽鋼發酵槽，設定六十小時的發酵時間，以及三十六只蒸餾器組成，是麥卡倫史上的最大生產規模。

二〇一八年我受邀去蘇格蘭參加麥卡倫的新酒廠落成典禮，斥資一．四英鎊，耗時三年六個月所建造出來的新酒廠，已經不只是全蘇格蘭最頂尖的酒廠了，它還幫整個威士忌產業的未來建立了新標竿，新酒廠由三十八萬個木構件所組成的屋頂結構是全世界最複雜的建築技術之一，屋頂上鋪滿植被，讓酒廠天衣無縫地融入斯貝區丘陵景觀的稜線中。而內部蒸餾器的配置更是讓人目眩神迷，三十六只蒸餾器分別繞成三個大圓型，所有的管線被井井有條地精密配置好，彷彿像是三個被放大了的瑞士製造頂級鐘錶的模型，而融於其中的遊客中心像是博物館一般，佐以最現代的聲光體驗。那天在酒廠的晚宴結束後，我們在專業的導覽員帶領之下，一步步探索新酒廠創新的細節，參觀過全世界這麼多威士忌酒廠的我，被這座顛覆了人們對傳統酒廠思考的偉大空間設計，震懾的全身起雞皮疙瘩，實在太美太驚人了，麥卡倫透過這座新酒廠開創了威士忌世界的新紀元。

量少質優的蒸餾

斯貝區最小的銅製蒸餾器：

麥卡倫酒廠總共有三十六隻蒸餾器，在過去擴廠時有機會改成大型的蒸餾器來使用，麥卡倫仍選擇承襲傳統，增加小尺寸蒸餾器的數量，即使二〇一八年開幕的全新酒廠，仍然使用著傳承百年的蒸餾器大小型式。

小型蒸餾器代表什麼意義？小型蒸餾器因為蒸餾的過程中，酒汁從蒸餾器到冷凝器的蒸汽行走距離較短，容易被收集起來，所以這樣形式的蒸餾器，會生產出酒體較厚重（full body），油酯豐厚，氣味複雜，豐富層次感的新酒，這樣的新酒在橡木桶長時間的熟成過程中，更有實力產生圓融飽滿的美味。

不知道大家有沒有發現，麥卡倫雖然是一家做二次蒸餾的酒廠，可是在過去的歷史中，酒廠的蒸餾器數量，都是以三為倍數的數量成長，換言之，麥卡倫的二次蒸餾是以三只蒸餾器為一組的。

原來麥卡倫酒廠是以三只作為一組的成對，一只初餾器（wash still）配兩只再餾器（spirit still），所以三十六、廿一或是十五都是三的倍數。初餾器的容量是一萬二千公升，再餾器的容量是四千公升，所以大家所說的斯貝區最小的蒸餾器，純粹指的是再餾器的迷你尺寸。

麥卡倫是一家擁有小蒸餾器的酒廠，在雪莉橡木桶的熟成上也非常忠實的傳遞了酒廠的味道和精神。由於受到市場的歡迎，產量不斷的擴增，所以酒廠最重要的功課便是持續提供良好的雪莉橡木桶，讓麥卡倫在雪莉桶熟成威士忌之王這塊金字招牌如何繼續閃亮。

橡木桶陳的王道——威士忌的木桶管理

麥卡倫這家酒廠，應該是全蘇格蘭對雪莉桶最為執著的酒廠了吧。所以當西班牙由於雪莉酒的產業變化，不再整桶輸出到國外，取得雪莉橡木桶的成本和數量及品質越來越難掌握時，麥卡倫如何走出自己的一條路？

為了橡木桶的數量和品質控制，麥卡倫酒廠與特定的西班牙雪莉酒莊合作，以自訂規格的模式，取得其裝填過雪莉酒最優質的橡木桶。穩定供應優質的橡木桶，這也是為什麼麥卡倫酒廠在雪莉酒桶陳年這塊領域，向來立於不敗之地的主要原因。

2010
4/16

到底橡木桶對威士忌的影響該如何思考？

有一位好朋友熱情地分享他的收藏給我，那是一支在橡木桶當中熟成長達二十二年的單一桶裝瓶的威士忌，不過喝起來完全不像熟成二十二年的氣味，仍然充滿年輕還未被馴服的野氣，我說如果給我盲飲會猜它是一支十年的威士忌，朋友有些疑惑，我接著說，橡木桶是有生命年限的，一般而言，保持良好的橡木桶可能可以有六十年的壽命，換言之，就是這六十年的時間，放在橡木桶中的威士忌仍然會透過萃取，呼吸，酯化，繼續成熟，並豐富它的味道。如果威士忌放在一只老的橡木桶當中，前十年微弱的呼吸，成熟，之後橡木桶死去，幾乎不再有作用了，而威士忌仍然在橡木桶當中繼續放十二年，以蘇格蘭法規來說，它是可以標示出二十二年，但實際上它只有十年的風味，你說，標籤上那二十二年的年份意義重不重要？

有一次，前任英國威士忌雜誌主編 Dave Broom 來拜訪，我們也談到了橡木桶的影響，他自己接到了酒廠寄給他試的威士忌樣本，有年輕的五年熟成，也有三、四十年熟成的老酒，有趣的是他個人認為平衡最好，表現最為豐富，達到飽滿而成熟巔峰的威士忌，正是那支最年輕的五年威士忌，三、四十年的老酒反而清淡而軟弱無力。

對威士忌的熟成來說，代表年份的數字並不重要，良好的橡木桶品質才是影響好的熟成最重要的因素。

波本桶熟成讓威士忌有著迷人的香草冰淇淋、蜂蜜、青草香、淡淡煙燻味、水果糖，以及新鮮熱帶水果的風味。雪莉桶熟成讓威士忌有優雅的葡萄乾、巧克力、可可、各式香料、杉木，以及果醬般的風味。我們應該學習把注意力放在威士忌經過不同橡木桶熟成而產生不同的美麗，而不是年份、價格，或是顏色。

如果我們不能從橡木桶的種類來判定好壞？也不能從年份高低來分辨品質？更不能用

橡木桶對威士忌新酒的影響力——顏色，來判斷一支威士忌的優劣？那麼，什麼樣的橡木桶原則才是決定威士忌美好最重要的因素？

橡木桶本身的品質，以及威士忌的橡木桶管理，才是決定性的因素。

過去蘇格蘭威士忌產業從隨機式的使用雪莉酒和波本酒使用過後的空桶來熟成，到後來跟美國肯德基的波本酒公司合作，建立良好及穩定品質的來源，這些年人們對於威士忌品質的要求越來越高，麥卡倫為了堅持不墜名聲的品質，派團隊直接管控橡木來源地的品質，確認橡木良好的裁切方式和質地，不躁進地堅持讓木材在自然的環境中風吹雨淋數年的時間，把擾人的丹寧和木材的雜味透過自然的力量去除，再拿來製造成桶，最後填入最好的西班牙雪莉酒，經過適當時間的潤桶，再將這樣品質經過嚴格把關的橡木桶送到蘇格蘭來裝填威士忌，放進酒窖之中緩慢陳年。

有好的橡木桶是不夠的，如之前所說，橡木桶的壽命有其極限大約六十年，有些橡木桶甚至二三十年就呈現了老化狀態，必須重新再烘烤復新，當橡木桶使用第一次、第二次、第三次、第四次、第五次，每一次威士忌從其中所萃取的風味都不盡相同，並且每一個橡木桶毛細孔的差異造成呼吸的熟成速率都不一樣，酒窖中，放在不同的高度，不同的濕度，不同的溫度，威士忌也會受到不同的影響。這些都要有完美的橡木桶管理者才能勝任。而麥卡倫酒廠配有專職的橡木桶管理團隊，為他們的每一只橡木桶品質嚴格的把關。

當每一家威士忌酒廠的風味，由於歷史的傳承，由於技藝的堅持，各有其風格之處，風格無法評論好壞對錯，然而時代一路進步到現代，蘇格蘭威士忌產業的製酒者真正要鶴立雞群，在威士忌的品質上拔得頭籌，唯有從威士忌的橡木桶管理下手，才是品質超越之道，有智慧的消費者也會拭目以待。

我生命中的第十二使徒

波特艾倫（Port Ellen）1977年——神話

PORT ELLEN

消失的東西總是令人緬懷，不再復見的東西總是令人懷念，絕版的珍品總是令人怦然心動。

在蘇格蘭隨著時代的變遷，酒廠興衰或起或落是個常態，能夠持續屹立不搖一定是奇蹟。不同的酒廠都有不同的坎坷命運。

命運最好的酒廠就是持續運作蒸餾的酒廠，目前在蘇格蘭有一百四十家左右，除了現在持續生產的蒸餾廠，酒廠的命運乖違不外乎有四種：休停（Mothballed）、關廠（Closed）、拆廠（Dismantled）、毀廠（Demolished）。這些酒廠不同的厄運，其中有什麼樣的差別呢？

酒廠的歷史中如果遇到不景氣或集團的策略變動，而酒廠體質仍良好，通常會休停，暫時停止生產，意即隨時都可以東山再起，加入產酒的陣營。如果短時間市場需求尚未有起色，人員閒置壓力過大，不得不讓多年老經驗的師傅離開，無法持續經營，就會關廠，通常蒸餾設備及庫存美酒會原封不動，等待有心人士的青睞。如果是拆廠那就更慘了，這酒廠的命運就此終結，蒸餾器的拆除，酒廠徹底的停用，只留下一桶桶絕版的美酒及慢慢傾頹的建築供人憑弔，這就是波特艾倫酒廠的現狀。那毀廠呢？太可怕了，就像是被原子彈轟炸過一樣嗎？差不多了。

諾斯波特（North Port）這家蒸餾廠，在一九八三年以集團因應全球市場萎縮的理由下休停關廠，從一九八〇年代到一九九〇年代一點一滴地拆廠，到一九九三這十年的時間這酒廠一磚一瓦被慢慢移除，直到一九九四年一棟嶄新的超級市場座落在酒廠原址，所有片甲灰飛煙滅，連弔慰的機會都沒有，這就是所謂的毀廠，比起原子彈的威力有過之而無不及。

目前有跡可尋已關廠的蒸餾廠數約有三十家，這些年蘇格蘭許多新酒廠加入生產陣營，有些已經可以喝到它們剛出產的全新威士忌了，還有一些新成立尚未開始投入市場的酒廠。目前蘇格蘭還有一百多家酒廠可以品嚐到它們美味的威士忌，不過一部分威士忌需要費點心思才弄得到，絕版的波特艾倫就是其中之一。

人死留名，虎死留皮，酒空留瓶，不管酒廠的命運為何，好的威士忌終究會在人的記憶中傳頌不已呀。

消失的亞特蘭提斯

波特艾倫（Port Ellen）蒸餾廠一八二五年設立在艾雷島（Islay），一九八四年不幸關廠之後，由於已經停止了生產執照，就算近年來艾雷島的泥煤威士忌有很廣大的市場需求，也無法恢復生產，展現其過去蒸餾的美味了。二〇〇四年波特艾倫酒廠旁的波特艾倫發麥廠為了擴建的需求，把酒廠原有的部分建築拆除，前幾年我特別走了一趟波特艾倫酒廠前去憑弔，看到那空蕩蕩的建築物裡，塞了滿滿的泥煤炭，當作發麥廠的泥煤炭儲存所，除了海岸邊的幾排儲酒倉庫，和那兩只矗立如香燭的尖頂寶塔，原本酒廠僅存生機的想像也隨之消失了……。

二〇〇一年帝亞吉歐集團把手上庫存的絕版波特艾倫單一麥芽威士忌裝瓶有計畫的首批次上市，這家已經消失的酒廠，像是重新站在舞台的聚光燈下，吸引了大批威士忌饕客的焦點，接著二〇〇一、二〇〇二、二〇〇三……，每一年新的一批次限量絕版品的裝瓶上市，都讓市場價格漲紅了眼，許多的威士忌大師也紛紛對這一批批新出版的波特艾倫威士忌品頭論足，幾乎都得到了非常高的評價。在市場與掌聲兩者雙重的激勵之中，讓人不禁自問，如果這酒這麼的好，亦經得起時間的考驗，為什麼在二十年前要關

廠？它好在那裡？它又弱在何處呢？

一八三六年由約翰（John Ramsay）接手經營的波特艾倫酒廠，由於他的高瞻遠矚，洞燭機先的把這個品牌以單一麥芽威士忌的裝瓶率先行銷到美國大陸，這個在美國最早登陸的蘇格蘭品牌曾獲得非常大的成功。

隨著市場環境的下滑，在一九二九年到一九六六年，波艾倫酒廠整整關廠了三十五年，直到一九六七年它才重出江湖，當時因市場大幅擴張的需要，投產前它還將原來兩組的蒸餾器作了加倍的擴充，當時正是頂盛的年代，在艾雷島同為帝亞吉歐集團的還有樂加維林和卡爾里拉兩家酒廠，卡爾里拉酒廠也於一九七二年由原本的兩組蒸餾器做了三倍的擴充，擴充後的卡爾里拉酒廠立刻成為全艾雷島設備最新、產能最大的酒廠，自此背負了集團中大量的調和威士忌原酒供應的重擔，由於威士忌產量的大幅增長，發麥的量跟不上，於是在一九七三年於波特艾倫廠址旁建立大型的發麥工廠，供應集團麥芽量所需，所以波特艾倫被集團定位為提供發麥，這樣的角色定位讓波特艾倫在一九八四年關廠後，仍繼續扮演發麥者的角色，供應整個艾雷島所有蒸餾廠的麥芽之所需，甚至澤被及其他區域，如茱羅島（Jura），直到今日。

我自己把波特艾倫這幾年重新上市的威士忌找來喝了一遍，它那迴異於其他艾雷島蒸餾廠的泥煤味兒，自有其迷人之處。雖然其酒色清淡，然而在長時間陳化的過程中，仍不減其旺盛的生命力及爆發力，不難想見眾老饕給與至高評價的理由。

像是曾經擁有的美好文明，如今已不復存在，亞特蘭提斯大陸為何沉沒，如今仍是個謎，波特艾倫的關廠似乎是歷史的宿命。

七〇年代的好日子沒有太長，一九八〇年代全球陷入經濟不景氣，各行各業都面臨相同的窘境，帝亞吉歐集團也被迫要在其擁有艾雷島的三家酒廠中，找一家來斷尾求生。

三家之中波特艾倫雖是一家有歷史傳承的優質蒸餾廠，但是大集團的定位問題。聲勢如日中天的樂加維林（Lagavulin）是集團的標籤和形象，卡爾里拉（Caol Ila）能提供最大量產的原酒是集團的金雞母，波特艾倫不巧它的重要性是發麥廠的角色扮演，發麥廠留下來了，蒸餾廠成了歷史之流中的空留餘恨。

二〇一七年我在艾雷島拜訪樂加維林酒廠時，當時的酒廠經理是一位熱情的女生喬治亞，我們相談甚歡，她偷偷在我耳邊告訴我，明年我來就見不到她了，她會轉調去波特艾倫酒廠，協助重建全新的波特艾倫……。

一些神秘學家預言了二十一世紀初，沉沒的亞特蘭提斯大陸會漸漸進浮上海面，不論真假，就算是真的，也僅僅是往日的浮光掠影，已不是過去壯麗古文明的再現。嶄新的波特艾倫酒廠再美，製作出的單一麥芽威士忌都不是已消失的波特艾倫，該從何比較起？即使能做出相同的美麗，仍然要給予它數十年窖藏陳年的等待，時間的無情，生命短暫，無謂的期待，徒然增加飲者的嗟磋嘆息。

結語・找回屬於自己的味覺系統

找回自己的五感覺醒比迷信大師和分數更重要。每個人的生命經驗不一樣，每一個人心中都有自己的十二使徒，我們最大的問題不在威士忌，當我們開始探索威士忌的美好，在其中找到的其實是我們自己。我們長時間將自己的品味交給廣告和行銷術語，將我們的味蕾交給列強來割據，長時間成為別人品味的殖民地，卻忘了讓自己才是主人。

記得在二〇〇六年曾答應蘇格蘭威士忌大師查爾斯麥克連要協助建構一個屬於東方的威士忌味覺品飲系統，時過多年，一直沒有認真地去做這件重要的事。威士忌專業的品飲對味覺的描述很重要，但是由於來自西方的文化，生活的體驗不同，當地主要的食物，植物，水果，以及甜點，那些用來描述威士忌的氣味口感的語彙，多半大不相同。因此，我們透過西方大師的著作帶領著我們品飲的經驗，常常因為使用的形容詞不在我們平常的生活之中，所以閱讀的過程會隔了一層文化的障礙，無法更深入地感受威士忌所蘊藏的豐富美好。

像是威士忌的甜度，有蜂蜜的香甜，在西方會用石楠花蜜來描述，而我們的生活經驗之中，有龍眼蜜、荔枝蜜、百花蜜，不同的季節，蜜蜂所採的花種不同，形成口感濃郁的差異和香氣的變化。這樣因為國家與地區差異，所造成蜂蜜氣味理解的不同，不能光光用蜂蜜兩個字就輕描淡寫地帶過去。

威士忌之中有另一種糖或水果的甜感，並不是加了糖進去，而是油酯，以及酚類、醇類，在口腔當中造成了多重細緻的甜感。在西方，這樣的甜感，可能會用太妃糖、聖誕節的水果派、焦糖布丁，或是水果飴來描述，蘇格蘭的緯度較低、氣候寒冷，食物和水果的種類沒有亞熱帶的台灣來得多，我們的味覺經驗其實是比較豐富的。我常常在威士

忌中聞到哈密瓜、荔枝、龍眼、芒果、紅心芭樂、香蕉等許多的熱帶水果的風味，而這樣風味的經驗，是蘇格蘭當地不容易找到的，就算有，那裏水果香氣以及口味的豐富度，也沒有我們所感受的強烈。

我喜歡用梅干扣肉來描述雪莉桶熟成的威士忌，我也會在其中聞到紹興酒的氣味，有時候還有類似八寶粥中龍眼乾的甜蜜感受。仙楂和蜜餞、洛神花茶和凍頂烏龍茶香，都是我會在雪莉桶當中得到的美感經驗。

我們這個時代因為社群網路的關係，變得很不一樣，過去大師是單向的教育，消費者只能像是嗷嗷待哺的小朋友，等待西方文化灌輸給我們，加持他們所謂的正確觀念和味覺。現在我們要學習植基於自己的生命經驗，不再全面而毫無挑選的接受單向式的美感灌輸，我們要建立自己的美感系統，並且勇敢地對自己誠實，架構一套從自己出發的美學邏輯，或許東方更豐富深沉的文化經驗所架構出的系統，更能夠為世界上所有的威士忌愛好者所理解呢。

我在瑞典的好朋友安琪拉，她是一家威士忌酒廠的首席調酒師，她把自己剛調配好的新樣品寄給我，約我在推特上面，同一個時間，和來自全世界不同的國家，不同威士忌專家同時線上品飲，我們即時的跨國線上討論，在家裡面品嚐她當年度最新的威士忌創作，我的感受，只用一隻手指頭在按下鍵盤的那一霎那，就可以在萬分之一秒的時間分享給十幾個國家的朋友，而這個看法，可能影響未來幾十萬瓶威士忌到每個人口腔裡氣味的調整改變呢。

世界已經大大地不同了。

King Car Distillery
King Car Distillery

King Car Distillery
King Car Distillery

taste

T

01

尋找屬於自己的 12 使徒（經典新版）

因威士忌而美好的探索之旅

作 者／林一峰 Steven LIN（部分圖片提供）
攝影／陳家偉
封面設計／謝捲子
內文排版／關雅云
責任編輯／蕭歆儀
行銷企劃／蔡雨庭・黃安汝
出版一部總編輯／紀欣怡

出 版／境好出版事業有限公司
業 務／張世明・林踏欣・林坤蓉・王貞玉
國際版權／鄒欣穎・施維真・王盈潔
印務採購／曾玉霞
會計行政／李韶婉・許俽瑀・張婕莛
法律顧問／第一國際法律事務所 余淑杏律師
發 行／采實文化事業股份有限公司
電子信箱／ acme@acmebook.com.tw
采實官網／ www.acmebook.com.tw
采實臉書／ http://www.facebook.com/acmebook01

I S B N ／ 978-986-0621549
定 價／ 550 元
初版一刷／ 2021 年 4 月
初版六刷／ 2023 年 6 月
劃撥帳號／ 50148859
劃撥戶名／采實文化事業股份有限公司
10457 台北市中山區南京東路二段 95 號 9 樓
電話：(02)2511-9798
傳真：(02)2571-3298

國家圖書館出版品預行編目（CIP）資料

尋找屬於自己的 12 使徒（經典新版）：因威士忌而美好的探索之旅）/ 林一峰 Steven LIN 著 . -- 初版 . -- 臺北市：境好出版事業有限公司出版：采實文化事業股份有限公司發行，2021.04
面； 公分 . -- (taste)
ISBN 978-986-06215-4-9(平裝)
1. 威士忌酒 2. 品酒

463.834 110003468